无土栽培

高文胜　冷鹏　主编

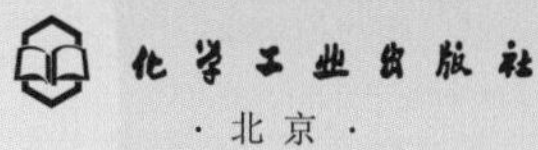

· 北京 ·

内容简介

本书以指导无土栽培高效化、进入寻常百姓家为宗旨，突出新成果、新技术与传统经验和常规技术的有机结合。全书针对生产实际，系统介绍了无土栽培关键技术，主要包括无土栽培设施的选择和建造、基质的选用与处理、营养液的配制与管理、无土栽培育苗技术、蔬菜无土栽培技术、主要水果无土栽培技术、花卉无土栽培技术和家庭阳台无土栽培技术等关键技术和实际应用。

本书重点突出、内容新颖、技术先进、科学实用、浅显易懂，适合从事无土栽培生产的科技人员、管理人员和无土栽培爱好者参考，也可供高等学校农业工程及相关专业师生参阅。

图书在版编目（CIP）数据

无土栽培/高文胜，冷鹏主编. —2版. —北京：化学工业出版社，2023.8

ISBN 978-7-122-43559-0

Ⅰ.①无… Ⅱ.①高…②冷… Ⅲ.①无土栽培 Ⅳ.①S317

中国国家版本馆CIP数据核字（2023）第093277号

责任编辑：刘兴春　卢萌萌　　文字编辑：李娇娇
责任校对：李雨晴　　装帧设计：王晓宇

出版发行：化学工业出版社（北京市东城区青年湖南街13号　邮政编码100011）
印　　装：河北京平诚乾印刷有限公司
850mm×1168mm　1/32　印张10　字数215千字
2024年5月北京第2版第1次印刷

购书咨询：010-64518888　　售后服务：010-64518899
网　　址：http://www.cip.com.cn
凡购买本书，如有缺损质量问题，本社销售中心负责调换。

定　　价：78.00元

《无土栽培》（第二版）编委会

主　编　高文胜　冷鹏

副主编　秦旭　李芳东　李国栋　王孝娣　王海波　肖伟

编委成员

高文胜　冷鹏　秦旭　李芳东　李国栋
王孝娣　王海波　肖伟　吕晓惠　张杰
秦都林　董晔　刘照银　王瀚悦　肖春燕
王景周　杨江亭　魏云晓　卢景生　陈佰光
刘林　曹德强　刘艳　周蕾　彭景美
程军　孙立浩　卜晓婧　戚瀚月　张明伟
张玉燕　庄海玉　黄金丽　刘金菊　李春玲
付成高　徐逸晨　刘凤之　史祥宾　张艺灿

前言

无土栽培（soilless culture）是指不用土壤而用营养液或固体基质加营养液栽培作物的方法。它是继20世纪60年代世界农业的“绿色革命”之后兴起的一场新的“栽培革命”，改变了自古以来农业生产依赖于土壤的种植习惯，是把农业生产推向工业化生产和商业化生产的新阶段，将成为未来农业的雏形。实践证明，无土栽培具有节水、节能、省工、省肥、减少环境污染、防止连作障碍、产品无污染及高产高效等一系列特点。

随着国家乡村振兴战略的实施，现代农业发展的紧迫性和必要性摆在了我们面前。如何更好地应用新品种、新技术、新模式、新业态，充分发挥现代农业要素在乡村振兴战略实施中的重要作用，并有力推动农业供给侧结构性改革和新旧动能转换，实现农业产业转型升级提质增效，已成为广大现代农业从业者的追寻目标。因此，我们组织编写了《无土栽培（第二版）》。

本书的编写是建立在专业研究成果基础上的，广泛借鉴了无土栽培的最新技术资料。针对生产实际和读者需要，系统介绍了无土栽培设施的选择和建造、基质的选用与处理、营养液的配制与管理、无土栽培育苗技术、蔬菜无土栽培技术、主要水果无土栽培技术、花卉无土栽培技术和家庭阳台无土栽培等关键技术和实际应用等。本书对于当前省力省工和简化地开展无土栽培具有指导作用，为我国无土栽培健康发展提供科学技术参考。

本书由高文胜、冷鹏主编，参与编写的专业技术人员如下：山东省农业技术推广中心的高文胜、李国栋、张杰、秦都林、王瀚悦、肖春燕，中国农业科学院果树研究所的王海波、王孝娣、刘凤之、史祥宾、张艺灿，山东省农业科学院休闲农业研究所的吕晓惠，山东农业大学的肖伟，山东农业工程学院的秦旭，烟台市农业科学院的李芳东，临沂市农业科学院的冷鹏、刘林、曹德强、刘艳、周蕾、彭景美、程军、孙立浩、卜晓婧，临沂市农业技术推广中心的戚瀚月、张明伟，临沂市农业综合执法支队的张玉燕，济南市莱芜区农业农村发展服务中心的董晔，招远市农业技术推广中心的杨江亭，滨州市阳信县农村经济体制和经营服务中心的魏云晓，淄博市沂源县农业技术服务中心的刘照银，临沂市莒南县农业农村局的庄海玉，中国农业科学院农业环境与可持续发展研究所的黄金丽，临沂市兰山区农业农村局的刘金菊，临沂市罗庄区农业农村局的李春玲，临沂市兰陵县农业农村局的付成高，临沂市沂南县农业农村局的徐逸晨，寿光市乐义苗木专业合作社的王景周，山东葵丘实业有限公司的卢景生，菏泽嘉润生态农业发展有限公司的陈佰光等。全书最后由高文胜研究员和冷鹏研究员统稿并定稿。

本书部分内容是山东省高效生态农业创新类泰山产业领军人才项目——“黄河滩区果品提质增效关键技术研究与示范应用”（项目编号：LJNY202026）和山东省重点研发计划（重大科技创新工程）项目——“菜田与果园土壤修复成套技术研究与示范（项目编号：2021CXGC010802）”的研究成果。

本书在编写过程中，参考借鉴了多位同行的相关文章和书籍，在此表示衷心感谢，由于篇幅所限，不一一列出，敬请谅解！感谢化学工业出版社相关编辑的辛勤劳动，使本书得以顺利出版！

限于编者水平和编写时间，书中不足和疏漏之处在所难免，敬请广大读者批评指正！

编者

2023年6月于济南

目录

第一章 概述

现代科技的不断发展，给当今社会创造了不少的财富，也给各个领域的发展带来了大量契机，继而推动整个社会的飞速前进。农业无疑是一个关系重大的领域，它的发展与世界人民的物质保障紧密相关。而现在各种问题的产生，如环境污染、土地沙化、淡水危机等对农业生产都是不小的挑战。农业生产，需要增加更多出路。在科技的引领下，无土栽培技术渐渐被投入使用，无论是规模化栽培还是家庭化栽培都在逐渐引起不少人的注意。无土栽培以人工制造的作物根系环境取代土壤环境，可有效解决传统土壤栽培中难以解决的水分、空气、养分的供应矛盾问题，使作物根系处于最适宜的环境条件，从而充分发挥作物的增产潜力。目前，世界上应用无土栽培技术的国家和地区已达100多个，由于其栽培技术的逐渐成熟和发展，应用范围和栽培面积也不断扩大，经营与技术管理水平空前提高，实现了集约化、工厂化生产，达到了优质、高产、高效和低耗的目的。

第一节 无土栽培的含义与类型

一、无土栽培的含义

无土栽培（soilless culture）是指不用土壤而用营养液或固体基质加营养液栽培作物的方法。其核心是不使用天然土壤，植物生长在装有营养液的栽培装置中或者生长在含有有机肥或充满营养液的固体基质中，这种人工创造的植物根系环境，不仅能满足植物对矿质营养、水分和空气条件的需求，而且能人为地控制和调整环境，来满足生长需要甚至促进植物的生长发育，并发挥它的最大生产能力，从而获得最大的经济效益或观赏价值。国外有些学者认为无土栽培主要指营养液栽培，所以有时无土栽培又称营养液栽培、水培、水耕、溶液栽培、养液栽培等。而目前我国广泛采用有机基质无土栽培技术，特别是有机生态型无土栽培技术，大大降低了一次性投资和生产成本，简化了操作技术，无土栽培的内涵也发生了变化。

无土栽培的理论基础是1840年德国化学家李比希提出的矿质营养学说（即植物以矿物质作为营养）。通过对无土栽培技术原理、栽培方式和管理技术的不断研究与实践，无土栽培逐渐从园艺栽培学中分离出来并独立成为一门综合性应用学科，成为现代农业新技术与生物科学、作物栽培相结合的边缘学科。只有学习掌握好植物学及植物生理学、农业化学、作物栽培学、材料学、计算机应用技术、环境控制等相关知识，并结合生产实践、观察和操作，才能理解和掌握无土栽培原理与技术。

二、无土栽培的类型

虽然无土栽培类型很多，却没有统一的分类法。按是否使用基质及基质特点，可分为基质栽培和无基质栽培；按其消耗能源多少和对环境生态条件的影响，可分为有机生态型无土栽培和无机耗能型无土栽培（见图1-1）。

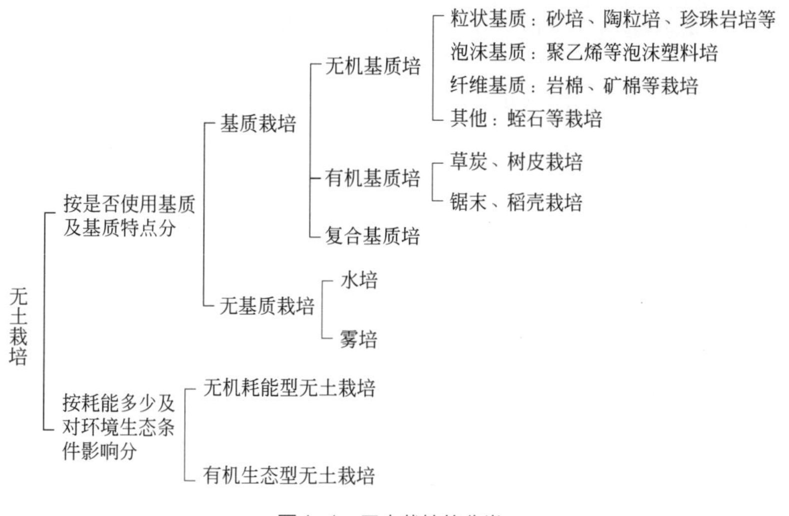

图1-1　无土栽培的分类

（一）无基质栽培

无基质栽培是指植物根系生长在营养液或含有营养液的潮湿空气中，但育苗时可能采用基质育苗方式，用基质固定根系。这种栽培方式可分为水培和雾培两大类。

1.水培

水培主要特征是植物大部分根系直接生长在营养液的液层中。

根据营养液液层深度的不同分为多种形式（见表1-1）。水培类型各有优缺点，宜根据不同地区的经济、文化、技术水平的实际来选用。

表1-1　水培类型

<table>
<tr><th colspan="2">水培类型</th><th>英文缩写</th><th>液层深度/cm</th><th>营养液状态</th><th>备注</th></tr>
<tr><td rowspan="4">主要类型</td><td>营养液膜技术</td><td>NFT</td><td>1～2</td><td>流动</td><td></td></tr>
<tr><td>深液流技术</td><td>DFT</td><td>4～10</td><td>流动</td><td></td></tr>
<tr><td>浮板毛管水培技术</td><td>FCH</td><td>5～6</td><td>流动</td><td>营养液中有浮板，上铺无纺布，部分根系在无纺布上</td></tr>
<tr><td>浮板水培技术</td><td>FHT</td><td>10～100</td><td>流动、静止均可</td><td>植物定植在浮板上，浮板在营养液中自然漂浮</td></tr>
<tr><td>其他</td><td colspan="5">潮汐式水培（EFT）、静止暴气技术（SAT）、暴气液流技术（AFT）、各种静止水培</td></tr>
</table>

2.雾培

又称喷雾培或气培，它是将营养液用喷雾的方法直接喷到植物根系上。根系悬挂在容器中，容器内部装有自动喷雾装置，每隔一定时间将营养液从喷头中以雾状形式喷洒到植物根系表面，营养液循环利用，这种方法可同时解决根系对养分、水分和氧气的需求。但因设备投资大，管理技术高，根际温度受气温影响大，生产上很少应用，大多作为展览厅上展览、生态酒店和旅游观光农业上观赏使用。

（二）基质栽培

基质栽培简称基质培，是指植物根系生长在各种天然或人工合成的基质中，通过基质固定根系，并向植物供应养分、水分和氧气的无土栽培方式。基质培的最大特点是：① 有基质固定根系并借以保持和供应营养和空气；② 在多数情况下水、肥、气三者协调，供应充分；③ 设备投资较低，便于就地取材进行生产；④ 生产性能优良而稳定。基质培的缺点是基质占用部分投资，体积较大，填充、消毒再利用费用较高，费时费工，后续生产资料消耗较大。根据基质种类不同基质培分为无机基质栽培、有机基质栽培和复合基质栽培；根据栽培形式的不同分为槽培、箱培和盆培、袋培、立体栽培。

1. 无机基质栽培

是指用河砂、岩棉、珍珠岩、蛭石等无机物作为基质的无土栽培方式。应用最广泛的基质首推岩棉，在西欧、北美洲地区基质栽培中占绝大多数。我国常用的基质有珍珠岩、蛭石、煤渣、砂等。陶粒则大多在种花时使用。目前，无机基质栽培发展最快，应用范围广。常见无机基质培有砂培、砾培、蛭石培、珍珠岩培、岩棉培、砂砾培、木屑培等。

2. 有机基质栽培

是指用草炭、木屑、稻壳、树皮、菇渣等有机物作为基质的无土栽培方式。由于这类基质为有机物，所以在使用前应多做发酵处理，以保持理化性状的稳定，达到安全使用的目的。根据不同地区资源状况，选择合适的有机基质栽培方式。

3. 复合基质栽培

把有机基质、无机基质按适当比例混合后即形成复合基质，可改善单一基质的理化性质，提高使用效果，而且可就地取材，复合基质配方选择灵活度较大，因而基质成本较低。复合基质栽培是我国应用最广、成本最低、使用效果较稳定的无土栽培方式。

（三）有机生态型无土栽培与无机耗能型无土栽培

有机生态型无土栽培全部使用固态有机肥代替营养液，灌溉时只浇清水，排出液对环境无污染，能生产合格的绿色食品，因而应用前景广阔。无机耗能型无土栽培现在全部用化肥配制营养液，营养液循环中耗能多，灌溉排出液污染环境和地下水，生产出的食品中硝酸盐含量超标。

第二节　无土栽培的特点、要求与应用范围

无土栽培作为一项农业高新技术，可按需供水供肥，人为能有效调控栽培环境，具有土壤栽培无法比拟的优越性，发展潜力大，但同时也存在着不足，只有充分认识其特点才能正确评价无土栽培技术，合理把握其应用范围和价值，从而做到恰当应用无土栽培技术，发挥其最大效能。

一、无土栽培的特点

（一）优点

无土栽培从栽培设施到环境控制都能做到根据作物生长发育的需要进行监测和调控，可使蔬菜、花卉等植物完全按照人类的需要进行生产，避开季节、地理的不良影响，做到周年生产、周

年供应。无土栽培的优点和效益主要集中在如下几个方面。

1.产量高、效益大、品质好、价值高

无土栽培的突出优点是产量高、效益大。无土栽培和设施园艺相结合，能合理调节植物生长的光、温、水、气、肥等环境条件，尤其人工创造的根际环境能妥善解决水气矛盾，使植物的生长发育过程更加协调，能充分发挥其生长潜能，取得高产。与土壤栽培相比，无土栽培的植株生长速度快、长势强，如西瓜播种后60天，其株高、叶片数、相对最大叶面积分别为土壤栽培的3.6倍、2.2倍和1.8倍。植物产量也成倍地提高（见表1-2）。

表1-2 几种作物无土栽培与土壤栽培的产量比较

作物	土壤栽培/（kg/亩）	无土栽培/（kg/亩）	相差倍数
菜豆	833	3500	4.2
豌豆	169	1500	8.9
小麦	46	311	6.8
水稻	76	379	5.0
马铃薯	1212	11667	9.6
莴苣	667	1867	2.8
黄瓜	523	2087	4.0

注：1亩=666.67m^2，下同。

无土栽培的绿叶菜生长速度快，叶色浓绿，幼嫩肥厚，粗纤维含量少，维生素C含量高；果菜类商品外观整齐、开花早、结果多、着色均匀、口感好、营养价值高；如无土栽培的番茄可溶性固形物比土壤栽培多280%，维生素C含量则由18mg/100g增加到35mg/100g，总酸含量增加3倍，硬度达到6.4kg/cm^2，比土壤栽培提高1倍，维生素A的含量也稍有增加，干物质含量增加近1倍

（见表1-3）。无土栽培香石竹香味浓郁，花期长，开花数多，单株年均开9朵花（土培5朵），裂萼率仅8%（土培90%）；无土栽培仙客来花茎粗，花瓣多，商品质量高，且能提早上市。

表1-3 不同种植方式新鲜番茄的矿质元素含量（占鲜重的质量百分数）

单位：%

种植方式	钙	磷	钾	硫	镁
土壤栽培	0.20	0.21	0.99	0.06	0.05
无土栽培	0.28	0.33	1.63	0.11	0.10

2.省水、省肥、省地、省力、省工

无土栽培通过营养液按需供应水肥，能大幅度减少土壤灌溉水分、养分的流失、渗漏，以及土壤微生物的吸收固定，使水分、养分充分被植物吸收利用，提高利用率。无土栽培耗水量只有土壤栽培的1/10～1/4，一般可节水70%以上（见表1-4），是发展节水型农业的有效措施之一。全世界土壤栽培肥料利用率只有50%左右，我国的肥料利用率只有30%～40%。而无土栽培按需配制和循环供应营养液，肥料利用率达90%以上，即使是开放式无土栽培系统，营养液的流失也很少，从而大大降低生产成本。无土栽培无需中耕、翻地、锄草等作业，加上计算机和智能系统的使用，逐步实现了机械化和自动化操作，节省人力和工时，提高了

表1-4 茄子不同栽培方式的产量与耗水量比较

栽培方式	茄子产量/kg	水分消耗/kg	每千克茄子所需水量/kg
土培	13.05	5250	402
水培	21.50	1000	46
气培	34.20	2000	58

劳动生产率，与工业生产的方式相似。另外，无土栽培可以立体种植植物，提高了土地利用率。日本称无土栽培为“健幸乐美”农业。

3.病虫害少，生产过程可实现无公害化

无土栽培属于设施农业，在相对封闭的环境条件下进行，可人为严格控制生长条件，为植物生长提供相对无菌和减少虫源的环境，在一定程度上避免了外界环境对植物的干扰及土壤病原菌和害虫对植物的侵袭，加之植物生长健壮，因而病虫害轻微；种植过程中可少施或不施农药，不存在土壤种植中因施用有机粪尿而带来的寄生虫卵及重金属、化学有害物质等公害污染；肥料利用率高，使用过的营养液可二次利用或直接排到外界，通常不会对环境造成二次污染。

4.避免土壤连作障碍

设施土壤栽培常由于植物连作导致土壤连作障碍，而传统的处理方法如换土、土壤消毒、灌水洗盐等局限性大，效果不理想，而被动地不断增加化肥用量和不加节制地大量使用农药，又造成生产成本不断上升，环境污染日趋严重，植物产量、品质和效益急速下滑，甚至停种。无土栽培可以从根本上避免和解决土壤连作障碍的问题，每收获一茬后只要对栽培设施进行必要的清洗和消毒就可以马上种植下一茬作物。

5.极大拓展农业空间

无土栽培使作物生产摆脱了土壤的约束，可极大扩展农业生产的可利用空间且不受地域限制。在荒山、河滩、海岛、沙漠、石山等不毛之地和城市的阳台和屋顶、河流、湖泊及海洋上，甚至宇宙飞船上都可以进行无土栽培。在温室等园艺设施内可发展多层立体栽培，充分利用空间，挖掘园艺设施的农业生产潜力。

6.有利于实现农业现代化

无土栽培可以按照人的意志进行生产，所以是一种“受控农业”，有利于实现农业机械化、自动化，从而逐步走向工业化、现代化。目前一些发达国家，已进入微电脑时代，供液及营养液成分的调控全用计算机管理，在奥地利、荷兰、美国、日本等国都有“水培工厂”，是现代化农业的标志。近十年来引进和兴建的现代化温室及配套的无土栽培技术有力推动了我国农业现代化的进程。

（二）缺点

1.一次性投资较大，运行成本高

只有具备一定设施设备条件才能进行无土栽培，而且设施的一次性投资较大，尤其是大规模、集约化、现代化无土栽培生产投资更大。在目前我国社会经济水平条件下，依靠种植作物回收投资是很难的。无土栽培生产所需肥料要求严格，营养液的循环流动、加温、降温等消耗能源，生产运行成本较土壤栽培要大。高昂的运行费用迫使无土栽培生产高附加值的园艺经济作物和高档的园艺产品，以求高额的经济回报。另外，必须因地制宜，结合当地的经济水平、市场状况和可利用的资源条件选择适宜的无土栽培设施和形式。近年来，我国陆续研制出一些节能、低耗的简易无土栽培形式，大大降低了投资成本和运行费用。例如，浮板毛管水培技术、鲁SC型无土栽培、有机生态型无土栽培、袋培、立体栽培等都具有投资小、运行费用低、实用的特点。

2.技术要求较高

无土栽培过程的营养液配制、供应、调控技术较为复杂，要求管理人员应具备相应的知识和技能，有较高的职业素质。但采用自动化设备、选用厂家生产的专用无土栽培肥料、采取简易无土栽培形式（如有机基质培等），可大大简化管理技术难度。

3.管理不当，易导致某些病害迅速传播

无土栽培生产属设施农业，相对密闭的栽培环境湿度大，光照相对较弱，而水培形式中根系长期浸于营养液中，若遇高温，营养液中含氧量急减，根系生长和功能受阻，地上部环境高温高湿，病菌等易快速繁殖侵染植物，再加上营养液循环流动极易迅速传播，导致种植失败。如果栽培设施、种子、基质、器具、生产工具等消毒不彻底，操作不当，易造成病原菌的大量繁殖和传播。无土栽培的营养液在使用过程中缓冲能力差，水肥管理不当还容易出现生理性障碍。因此，进行无土栽培时必须加强管理，规范操作，记录全面、详细，以便复查核对，在出现问题时找出原因，及时解决问题。

二、无土栽培的一般要求

1.要求比较严格的标准化技术

无土栽培所用营养液缓冲性能极低，作物的根际环境条件控制是否适当成为决定栽培成败的关键。营养液栽培中存在的一些问题都与根际环境管理密切相关。虽然土壤栽培也会发生类似的问题，但相比较而言却要缓和得多。因此，无土栽培对环境条件的控制与调节要求比较严格，而且管理方法也与土培不完全一样。

只要我们掌握无土栽培的规律性，摸清各种环境因子对植物的影响及其相互间的关系，制定出合理的标准化技术措施，就能获得更好的栽培效果。

2.必须有相应的设备和装置

无土栽培除了要求有性能良好的环境保护设施之外，还需要一些专门设施、设备，以保证营养液的正常供给及调节。例如，采用循环供液时需有储液池、栽培槽、营养液循环管道及水泵等无土栽培设施。为了比较准确地判断与掌握营养液的浓度变化、供液量及供液时期，需要有相应的测定仪器，如电导仪、pH计等。当然，土培时为使栽培管理科学化，也需要相应的设备及检测设备，但不如无土栽培要求严格。

3.按营养液栽培规律掌握关键措施

为了获得较好的栽培效果，必须最大限度地满足作物高产所需要的条件。无土栽培虽不能像土培那样采取合理蹲苗的技术措施来调节作物地上部与地下部、营养生长与生殖生长的关系，但可通过调节营养液浓度、控制供液量、增加供氧量、合理调节气温，以及应用生长抑制剂等措施来调节它们之间的关系；无土栽培要特别重视营养液pH值的调节，否则会因pH值不当而产生多种生理性障害。

为了减少某些侵染性及生理性病害给生产带来损失，无土栽培较土培更加强调“以防为主”的原则。原因是无土栽培病害发生较快，甚至呈现暴发性的特点，一旦发生病害，即使采取有力措施加以控制，作物的生长发育也会因受到很大的影响而造成减产；无土栽培施用大量药剂，容易造成药害；在无土栽培实行标准化技术措施的前提下以预防为主常能取得较好的效果。

无土栽培生长速度快为作物提早收获、缩短生长期、增加产量提供了有利条件，但有时也会对作物的平衡生长，特别是地上部与地下部、同化器官与经济器官之间生育上的平衡产生不良影响。例如，无土育苗时，若不注意控制，则幼苗徒长，花芽分化延迟，抗性减弱，幼苗质量降低。因此，在无土栽培中必须很好地利用“生长快”的有利一面，通过温度、营养液供给量及浓度等多方面的控制，使植株向健康方向发展，为高产奠定基础。“控”只有和“促”相结合，才能收到合理调节的效果。

三、无土栽培的应用范围

无土栽培是在可控条件下进行的，完全可以代替土培，但它的推广应用受到地理位置、经济环境和技术水平等诸多因素的限制，在现阶段或今后相当长的时期内，无土栽培不能完全取代土培，其应用范围有一定的局限性。因此，要从根本上把握无土栽培的应用范围和价值。

1. 用于高档园艺产品的生产

当前多数国家用无土栽培生产洁净、优质、高档、新鲜、高产的无公害蔬菜产品，多用于反季节和长季节栽培。产量和质量较低的七彩甜椒、高糖生食番茄、迷你番茄、小黄瓜等露地很难栽培，但可用无土栽培生产，供应高档消费或出口创汇，经济效益良好。另外，切花、盆花无土栽培的花朵较大，花色鲜艳，花期长，香味浓，尤其适用于家庭、宾馆等场所，无土栽培盆花深受消费者欢迎。另外，草本药用植物和食用菌无土栽培，同样效果良好。

2. 在不适宜土壤耕作的地方应用

在沙漠、盐碱地等不适宜进行土壤栽培的不毛之地可利用无土栽培大面积生产蔬菜和花卉，具有良好的效果。例如，新疆吐鲁番西北园艺作物无土栽培中心在戈壁滩上兴建了112栋日光温室，占地面积34.2hm^2，采用砂基质槽式栽培种植蔬菜作物，产品在国内外市场销售，取得了良好的经济效益和社会效益。

3. 在土壤连作障碍严重的保护地应用

无土栽培技术作为解决温室等园艺保护设施土壤连作障碍的有效途径被世界各国广泛应用，适合国情的各种无土栽培形式应用在设施园艺上，同样成为彻底解决土壤连作障碍问题的有效途径，在我国设施园艺迅猛发展的今天更具有其重要的意义。

4. 在家庭园艺中应用

利用小型无土栽培装置，利用家庭阳台、楼顶、庭院、居室等空间种菜养花，既有娱乐性又有一定的观赏和食用价值，便于操作、洁净卫生，可美化环境，是一种典型的“都市农业”和“室内园艺”栽培形式。

5. 在观光农业、生态农业和农业科普教育基地应用

观光农业是近几年兴起的一个新的产业，是一个新的旅游项目；大小不同的生态酒店、生态餐厅、生态停车场、生态园的建设，成为倡导人与自然和谐发展新观念的一大亮点；高科技示范园则是向人们展示未来农业的一个窗口；许多现代化无土栽培基地已成为中小学生的农业科普教育基地。而无土栽培是这些园区或景观采用最多的栽培方式，尤其是一些造型美观、独具特色的

立体栽培方式，更受人们青睐。

6.在太空农业上的应用

在太空中采用无土栽培种植绿色植物生产食物是最有效的方法，无土栽培技术在航天农业的研究与应用上正发挥着重要的作用。例如，美国肯尼迪航天中心用无土栽培生产太空中宇航员所需的一些粮食和蔬菜已获成功，并取得了很好的效果。

第三节　无土栽培与绿色食品蔬菜生产

生产绿色食品蔬菜是当前蔬菜产业发展的方向，无土栽培作为一种先进的栽培技术，是生产绿色食品蔬菜的重要手段。只有对绿色食品蔬菜的概念、标准有较为深入的理解，才能正确给无土栽培定位，从而更好地运用这一技术。

一、绿色食品的概念和生产标准

（一）绿色食品的概念

绿色食品是无污染、优质、营养类食品的总称。由于与环境保护有关的事物通常都冠以“绿色”，为了更加突出这类食品出自良好的生态环境，因而命名为绿色食品。根据中国绿色食品发展中心的规定，绿色食品分为AA级和A级两种。

1.AA级绿色食品

系指在生态环境质量符合标准规定的产地，生产过程中不使用任何化学合成物质，按特定的生产操作规程生产、加工，产品质量及包装经检测、检查符合特定标准，并经专门机构认定，许可使用AA级绿色食品标志的产品。

2.A级绿色食品

系指在生态环境质量符合规定标准的产地，生产过程中允许限量使用限定的化学合成物质，按特定的生产操作规程生产、加工，产品质量及包装经检测、检查符合特定标准，并经专门机构认定，许可使用A级绿色食品标志的产品。

考虑到我国当前农业生产的具体条件，A级绿色食品生产，可以限量使用少量化肥和农药，以不超过规定的标准为度。但化肥中的硝酸盐仍然是严加限制的。

（二）绿色食品标准体系的构成内容

绿色食品标准以全程质量控制为核心，由以下五个部分构成。

1. 绿色食品产地环境质量标准

标准包括《绿色食品　产地环境质量》（NY/T 391—2021）及《绿色食品　产地环境调查、监测与评价规范》（NY/T 1054—2021）。强调绿色食品必须产自良好的生态环境地域，以保证绿色食品最终产品的无污染、安全；促进对绿色食品产地环境的保护和改善。

主要标准是：生产基地的大气必须清洁，日平均二氧化硫不得超过0.15mg/m^3，二氧化氮不得超过0.08mg/m^3，总悬浮微粒不得超过0.30mg/m^3，氟化物在7μg/m^{3}以内。农田灌溉用水的质量标准为pH 5.5～8.5。水中的重金属和有害化合物不得超过以下标准：Hg≤0.001mg/L，Cd≤0.005mg/L，As≤0.05mg/L，Pb≤0.1mg/L，氟化物≤2.0mg/L。此外，各种土壤中重金属及有害物质均有明确的规定。

2.绿色食品生产技术标准

绿色食品生产过程的控制是绿色食品质量控制的关键环节。绿色食品生产技术标准是绿色食品标准体系的核心，它包括绿色食品生产资料使用准则和绿色食品生产技术操作规程两部分。

（1）绿色食品生产资料使用准则 绿色食品生产资料使用准则是对生产绿色食品过程中物质投入的一个原则性规定，包括《绿色食品 农药使用准则》（NY/T 393—2020）、《绿色食品 肥料使用准则》（NY/T 394—2021）、《绿色食品 食品添加剂使用准则》（NY/T—2013）等，对允许、限制和禁止使用的生产资料及其使用方法、使用剂量、使用次数和休药期等做出了明确规定。

（2）绿色食品生产技术操作规程 绿色食品生产技术操作规程是以上述准则为依据，按作物种类和不同农业区域的生产特性分别制定的，用于指导绿色食品生产、规范绿色食品生产技术。

3.绿色食品产品标准

该标准是衡量绿色食品最终产品质量的指标尺度。食品的外观品质、营养品质与普通食品的国家标准一样，但其卫生品质要求高于国家现行标准，主要表现在对农药残留和重金属的检测项目种类多、指标严。绿色食品产品标准反映了绿色食品生产、管理和质量控制的先进水平，突出了绿色食品产品无污染、安全的卫生品质。目前已经出台的有绿色食品黄瓜、绿色食品番茄、绿色食品菜豆等蔬菜的产品标准。

4.绿色食品包装标签标准

该标准规定了进行绿色食品产品包装时应遵循的原则，包装材料选用的范围、种类，包装上的标识内容等。要求产品包装从原料、产品制造、使用、回收和废弃的整个过程都应有利于食品安全和环境保护，包括包装材料的安全性、牢固性，节省资源、能源，减少或避免废弃物产生，易回收循环利用，可降解等具体要求和内容。

绿色食品产品标签要符合《中国绿色食品商标标志设计使用规范手册》（以下简称《手册》）的规定，该《手册》对绿色食品的标准图形、标准字形、图形和字体的规范组合、标准色、广告用语以及在产品包装标签上的规范应用均做了具体规定。

5.绿色食品储藏、运输标准

该项标准对绿色食品储运的条件、方法、时间做出了规定，以保证绿色食品在贮运过程中不遭受污染、不改变品质，并有利于环保和节约能源。

以上标准对绿色食品产前、产中和产后全过程质量控制技术和指标做了全面的规定，构成了一个科学、完整的标准体系。

二、绿色食品蔬菜生产中无土栽培的标准

目前，一般认为地理环境质量、操作规程、产品卫生和包装标准都合格的情况下，只有“有机生态型无土栽培”能生产AA级的绿色食品。其他用营养液灌溉的无土栽培系统是不能生产合格的绿色食品蔬菜的，却可以达到无公害蔬菜的生产标准。

第四节 无土栽培的发展概况与展望

20世纪60年代以后，随着温室等设施栽培的迅速发展，在种植业形成了一种新型农业生产方式——可控环境农业（controlled environment agriculture，CEA），特别是近几十年的发展非常迅速。无土栽培作为CEA的重要组成部分和核心技术，随之得到迅速发展，充分吸收传统农业技术中的精华，广泛采用现代农业技术、信息技术、环境工程技术及材料科学技术等，已发展为设施齐全的现代化高新农业技术，成为设施生产中一项省工、省力、能克服连作障碍、实现优质高效农业的一种理想模式。该项技术已在世界范围内广泛研究和推广应用，一些发达国家的发展应用更为突出。

世界上许多国家和地区先后设立了无土栽培技术研究和开发机构，专门从事无土栽培的基础理论和应用技术方面的研究和开发工作。国际上无土栽培技术的学术活动非常活跃，1955年在第十四届国际园艺学会上成立了“国际无土栽培工作组”（International Working Group on Soilless Culture，IWGSC），隶属于国际园艺学会，并于1963年、1969年、1973年、1976年先后召开四届国际无土栽培学会。1980年国际无土栽培工作组改名为“国际无土栽培学会”（International Society of Soilless Culture，ISOSC），以后每四年举行一次国际无土栽培学会的年会，对推动世界无土栽培技术的发展起了重要作用，标志着无土栽培技术的研究与应用已进入一个崭新的阶段。

一、国外无土栽培的发展概况与展望

国外无土栽培最早起源于德国的萨克斯和克诺普等科学家们先后应用营养液进行的植物生理学方面的试验，到1920年营养液的制备达到标准化，但无土栽培仍停留在实验室中，直到1929年美国加利福尼亚大学的格里克（W.F.Gericke）才真正将这一技术应用于生产，他利用自己设计的植物无土栽培装置成功地种出一株高7.5m，单株果实重量达14.5kg的水培番茄，在科技界引起了轰动，同时对全世界无土栽培的兴起和发展产生了深远的影响；以后，美国又试验成功砂培技术、砾培技术。

20世纪50年代以后无土栽培开始进入实际应用阶段。从这个时期起意大利、西班牙、法国、英国、瑞典、以色列、苏联等国广泛开展了研究并实际应用，到60年代无土栽培出现了蓬勃发展的局面。

美国首先将无土栽培用于商业化生产，虽然目前无土栽培面积不大，且多集中在干旱、沙漠地区，但美国的无土栽培技术家庭普及率高，开发出大量小规模、家用型的无土栽培装置，其研究重点放在太空农业中的无土栽培技术上。日本无土栽培始于1946年，以水培和砾培为主，水培技术处于国际领先地位，其中深液流栽培技术独自开发，现已演化出多种形式，到1993年无土栽培面积达到690hm^2，主要栽培草莓、番茄、青椒、黄瓜、甜瓜等作物。现正将“蔬菜工厂”实用化。荷兰无土栽培面积已达3000hm^{2}以上，是世界无土栽培发达国家之一，主要栽培形式是岩棉培，占无土栽培总面积的2/3，主要种植番茄、黄瓜、甜椒和花卉。英国最早发明并应用营养液膜技术，目前正被岩棉培取代，以生产蔬菜为主，黄瓜栽培面积最大。

无土栽培技术的发展，使人类对作物不同生育时期的整个环境（地上和地下）条件进行精密控制成为可能，从而使农业生产有可能彻底摆脱自然条件的制约，按照人类的愿望，向着空间化、机械化、自动化和工厂化的方向发展，将会使农作物产量和品质大幅度提高。

欧洲、北美洲、日本等技术先进的国家或地区，农业人口逐年减少，劳动力老龄化加重，劳动成本逐年加大等，解决这些问题的对策就是实行栽培设施化、作业机械化、控制自动化，无土栽培将成为其重要的解决途径和关键技术。对于发达国家，既有技术和设施，资金又雄厚，无土栽培必定向着高度设施化、现代化方向发展。植物工厂就是精密的无土栽培设施，它具有生产回转率高，产品洁净、无公害等优点。1981年英国北部的坎伯来斯福尔斯建成了世界上最大的“番茄工厂”，面积为8hm^2。美国的怀特克公司、艾克诺公司，加拿大的冈本农园，日本的富士农园、三浦农园、原井农园等都有已进入实用化的植物工厂。

地球上人口不断膨胀，耕地急速缩减，耕地已成为一种极为宝贵的不可再生资源。由于无土栽培可以极大拓展农业生产空间，这对于缓和地球上日益严重的土地问题有着深远的意义。海洋、太空已成为无土栽培技术开发利用的新领域，将进一步扩大人类的生存空间。另外，水资源的紧缺也随着人口的不断增长日显突出，无土栽培避免了水分的渗漏和流失，将成为节水型农业的途径之一。可以说无土栽培是高科技农业、都市农业、娱乐观光农业、高效农业、节水农业和生态环保型农业的重要支撑。

二、国内无土栽培的发展概况与展望

我国古老的无土栽培，常见于各种豆芽的生产，以及利用盘、碟、器皿培养水仙花和蒜苗，利用盛水的花瓶插花，利用船尾水面种菜等。从其栽培方式而言，都应视为广义的无土栽培。在以后的较长时期内，无土栽培被应用于各类肥料以及植物生理方面的试验等。

20世纪70年代才开始逐渐在生产中应用无土栽培技术，最初是进行蔬菜和水稻的营养液育苗。80年代随着我国改革开放和旅游业的发展，各开放城市、港口的涉外单位对洁净、无污染的生食菜的需求骤增，农业部及时组织“七五”“八五”科技攻关，研究开发了符合国情国力的无土栽培设施与配套技术。北京市的蛭石袋培与有机基质培，江苏省的岩棉培和简易NFT培，浙江的稻壳熏炭基质培和深水培，深圳市、广州市的深水培和椰壳渣基质培等均各具特色。其中，中国农业科学院蔬菜花卉研究所推出的有机生态型无土栽培技术，具国际领先水平，江苏省农业科学院和南京玻纤院合作研制成功的农用岩棉和岩棉培技术填补了我国的空白并已投产。北京、上海、天津、南京、沈阳、杭州、广州、深圳、厦门、珠海及胜利油田等示范栽培的面积也已具一定规模。此外，无土栽培技术在阳台园艺栽培和有关试验中的应用亦初见成效。由中国农业科学院蔬菜花卉研究所研究开发的无土栽培芽苗菜的生产亦发展很快。“九五”期间，我国又将“工厂化高效农业示范工程”作为国家重大科技示范工程项目，组织全国攻关。无土栽培技术研究的部门和单位已达50多个，无土栽培的作物包括蔬菜、花卉、西瓜、甜瓜、草莓等20种之多，我国无土栽培面积也由1996年的100hm^2，扩大到2020年的50000hm^{2}以上，现仍具有蓬勃发展的势头。从栽培形式上，南方以广东为代表，以深液流水培为主，槽式基质培也有一定的发展，有少量的基质袋培；东南沿海长江流域以苏浙沪为代表，以浮板毛管、营养液膜水培为主，近年来有机基质培发展迅速，有一部分深液流水培；北方广大地区以基质培为主，有部分进口岩棉培，北京地区有少量的深液流浮板水培，无土栽培面积最大的新疆戈壁滩，主要推广鲁SC型改良而成的砂培技术，在20世纪90年代末，其砂培蔬果的面积占全国无土栽培面积的1/3。应该说，无土栽培这一农业高新技术，在我国虽然开发利用的时间不长，但已取得明显效果，表现出广阔的发展前景和巨大的开发潜力。

我国受人口增长、土地减少的限制，要使国民经济保持可持续发展，不断提高国民生活水平，必须不断提高有限土地面积的生产效率，开拓农业生产的空间，无土栽培可提供超过普通土壤栽培几倍甚至十多倍的产品数量，可利用沙滩、盐碱等不毛之地生产农产品，为食品安全保障体系打好基础。我国是水资源相当贫乏的国家，被列为世界上13个贫水国之一，无土栽培作为节水农业的有效手段，将在干旱缺水地区发挥其重要的作用。我国设施栽培发展迅速，已成为许多地区农民致富、农业增效的有效手段，但长期栽培导致设施土壤栽培连作障碍日益加剧，无土栽培作为根治土壤栽培连作障碍的有效手段正在发挥着作用，今后在设施栽培中将广泛得到应用。另外，随着居民生活水平提高对农产品种类和质量的要求，参与国际竞争的需要和农业现代化进程的加快，无土栽培技术将会受到更多的重视，发展进程将进一步加快。遵循就地取材、因地制宜、高效低耗的原则，无土栽培形式将呈现以基质培为主、多种形式并存的发展格局。经济发达的沿海地区和大中城市将是现代化无土栽培发展的重点地区，它已成为都市农业和观光农业的主要组成部分，将会有更大的发展；成本低廉、管理简单的简易槽式基质培和其他无土栽培形式将是大规模生产应用、推广的主要形式。

第二章 无土栽培设施的选择与建造

第一节　基本设施

无土栽培的基本设施或装置一般由栽培床、储液池、供液系统和控制系统四部分组成。

一、栽培床

栽培床可代替土地和土壤种植作物，具有固定根群和支撑植株的作用，同时要保证营养液和水分的供应，并为作物根系的生长创造优越的根际环境。栽培床可用适当的材料如塑料等加工成定型槽，如用塑料薄膜包装适宜的固体基质材料建成或用水泥砖砌成永久性结构或用砖垒砌成临时性结构。栽培床形式很多，一般分育苗床和栽培床两类，具体规格大小等内容在无土栽培育苗技术及蔬菜无土栽培技术章节中介绍。在选用栽培床时应以结构简便实用、造价低廉、灌排液及管理方便等为原则。

二、储液池

储液池是储存和供应营养液的容器，主要用于增大营养液的缓冲能力，是为根系创造一个较稳定的生存环境而设的。其功能主要有：① 增大每株占有营养液量而又不致使种植槽建得太深；② 使营养液的浓度、pH值、溶解氧、温度等较长期地保持稳定；③ 便于调节营养液的状况，例如调节液温等。例如，无储液池而直接在种植槽内增减温度，势必要在种植槽内安装复杂的管道，既增加了费用也造成了管理不便；又如调pH值，如无储液池，势必将酸碱母液直接加入槽内，容易造成局部酸碱度过高。

三、供液系统

供液系统是将储液池（槽）中的营养液输送到栽培床，以供作物需要。无土栽培的营养液供应方式，一般有循环式供液系统和滴灌系统（见图2-1）两种，主要由水泵、管道、过滤器、压力表、阀门组成。管道分为供液主管、支管、毛管及出水龙头与滴头管或微喷头。不同的栽培形式在供液系统设计和安装上有差异。

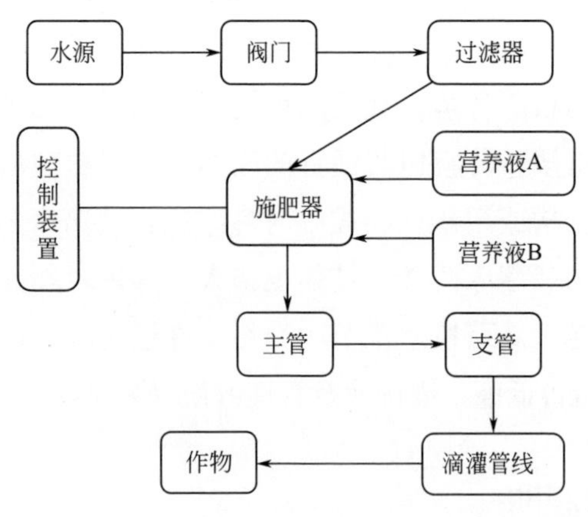

图2-1　滴灌系统示意图

四、控制系统

控制系统是通过一定的调控装置，对营养液质量和供液进行监测与调控。先进的控制装置采用智能控制系统，实现对营养液质量、环境因素、供液等进行自动全方位监控。自动控制装置包括电导率自控装置、pH自控装置、液温控制装置、供液定时器控制装置等。从而能够根据植物不同生长发育阶段对营养的需求，人工利用这些设备来监控营养液质量变化，适时调整和补充，并定时向作物供给营养液，做到营养液补充和供液及时，调整到位，并减少人力，节省电力和减少泵的磨损。

第二节
多功能（LG-D型）无土栽培设施及栽培技术

LG-D型无土栽培设施是一种具有多种栽培用途，可以栽培各种蔬菜、花卉、草莓等作物的多功能栽培模式，具有通用底槽和槽堵，4种不同栽培用途的定植板、无纺布基质袋、复合栽培专用方形定植钵及水培定植杯等产品。注：LG表示绿东国创公司“绿、国”两个汉字拼音的第一个字母，D就是多功能的缩写。

一、LG-D型无土栽培设施结构

1.通用底槽及槽堵

为高密度聚苯材料模压而成，槽的外径宽600mm、长1000mm、槽深50mm、槽厚20mm，槽底具有两条凸起10mm的纵向分界线。槽侧立面具有曲线形可叠加的嵌合结构，槽的两端具有互相连接的嵌合结构，侧立面上部与定植盖板之间具有咬合结构。槽堵为“簸箕形”，外径、槽深、厚度、槽底分界线及上下、左右咬合结构完全和底槽一致，长度为500mm，其中一端的槽堵底部有一个内径50mm、外径75mm的排液口。

2.A型定植板

为高密度聚苯材料模压而成的外罩式定植板，厚度为20mm，外径宽600mm，长1000mm，内高10mm，定植板上具有纵向3排、每排5个隐形定植孔，定植孔的周围正面凸起板面5mm（可以阻挡灰尘、滴水进入栽培槽），反面向上凹5mm，定植孔上部内径28mm、下部内径25mm，中间具2mm封闭薄片，根据栽培密度需要考虑是否打开。定植板两端具有互相搭接的嵌合结构，与底槽口具咬合结构。

3.B型定植板

为高密度聚苯材料模压而成的外罩式定植板，厚度为20mm，外径宽600mm，长1000mm，定植板上具有纵向6排、每排10个定植孔，定植孔的周围正面具有凸起板面5mm的结构（可以阻挡灰尘、滴水进入栽培槽），定植孔内径为25mm。定植板两端具有互相搭接的嵌合结构，与底槽具咬合结构。

4.C型托植板

为高密度聚苯材料模压而成的内嵌式托板，厚度为20mm，外径宽600mm，内径宽520mm，长500mm，托植板与底槽具有嵌合结构，托植板本身具有隔挡结构，互相连接处不设搭接结构，托植板上具有纵向8排、每排7个“扎根透水孔”。

5.D型定植板

为高密度聚苯材料模压而成外罩式定植板，厚度为20mm，外径宽600mm，长800mm，内高50mm，板内侧顶部具有2根加强筋，定植板上具有纵向2排、每排2个的方形定植孔，定植孔的周围正面具有凸出板面5mm的凸起结构（可以阻挡灰尘、滴水进入栽培槽）。定植孔上口尺寸为97mm×97mm，下口尺寸为90mm×90mm。定植板两端具有互相搭接的嵌合结构，与底槽口具咬合结构。

6.无纺布基质袋

用亲水性园艺专用无纺布缝合成枕头形，标准型号为长360mm，宽220mm，厚100～120mm，每袋装基质8～9L；另一种型号为长1000mm，宽280mm，厚100～120mm，每袋装基质30～36L。

7.方形定植钵

采用PS塑料模压而成，方形，上口边长120mm，底部边长80mm，高90mm，底部为格栅状，果菜复合栽培专用。

8.水培定植杯

采用PS塑料模压而成，圆形，上口具有平行向外延伸的“翻边”构造，杯体外径24mm，底部外径19mm，高45mm，杯体上部20mm为封闭式，下部25mm为格栅状，叶菜水培专用。

二、LG-D型无土栽培设施模式应用

LG-D型无土栽培设施产品根据栽培需要可以组合出多种栽培模式，每一种栽培模式的栽培槽（床）长度一般设计在

400 ～ 2500cm之间，根据不同作物的生长高度及栽培要求，可以在地面直接进行组装，也可配套钢结构床架，将栽培槽铺设在单层或多层的栽培托架上。采用营养液循环供液方式进行灌溉。

1.DFT水培叶菜（A/B板）

采用通用底槽与A型定植板结合，进行结球生菜、散叶生菜、奶油生菜、不结球白菜、羽衣甘蓝、西芹等大棵型叶菜的水培；与B型定植板结合，可进行小油菜、菠菜、三叶芹、水芹、香芹、紫背天葵、空心菜、油麦菜等的水培。DFT水培叶菜一般采用双槽并列组合而形成宽120cm的水培床，道路宽40 ～ 70cm不等，为确保水培叶菜的叶片不受尘土、滴水、地面土传病虫害等的污染和侵扰，通常采用离地栽培，将栽培床架设置离地面60 ～ 80cm，使床面的蔬菜定植管理作业正好符合人站立操作的理想层面，以减轻劳动强度，提高作业效率，降低栽培风险。

采用通用底槽与A型板结合，还可进行草莓的水培，栽培槽为单列设置，路间距50 ～ 60cm，打开A型板两侧的定植孔，进行草莓定植。

2.DFT/NFT水培果菜

栽培槽为单列，行间道宽100 ～ 120cm，采用通用底槽与A型板结合，用于番茄、黄瓜、甜瓜、西瓜等果菜的水培。将定植板两侧的定植孔交错打开，即纵向间隔打开定植孔，其余定植孔保持隐形封闭状态。

栽培槽可以布置在地表，但需要铺设园艺地布进行隔离，最理想的做法是采用离地布设，将栽培槽架高30 ～ 60cm，形成标准化的果菜水培床，对减轻病虫害发生、降低栽培风险具有重要意义。将支架水平设置即为DFT水培模式，按（80 ～ 100）：1的坡降设置即为NFT果菜水培模式。

3.立体多层叶菜水培

采用钢结构床架进行多层式水培，支架内宽60cm，长度不限，高度160～200cm，设3～4层，每层间距40～60cm不等，第一层离地不低于40cm。将通用底槽与A/B/C三种定植、托植板结合使用，每层可栽培不同的园艺作物。通常最上层栽培对光照要求强、温度高的大棵型叶类蔬菜，中间栽培棵型相对偏小、不耐强光高温的叶菜品种，下层栽培喜阴叶菜或芽苗菜（见图2-2）。将不同温光需求的作物品种按垂直温光条件进行分层定位栽培，有利于发挥每一种作物的生产潜能。

图2-2　立体生态三层水培模式叶菜生长势

4.DFT水培育苗

采用钢架结构离地做成水培育苗床，与叶菜水培床设施结构类似。底槽与B型板结合使用，进行叶菜和果菜的水培育苗。于苗与苗之间的叶片基本搭接，槽内根系还没有交叉纠缠生长，地上部未出现明显徒长前进行分苗定植。

5.简易型复合无土栽培（发明专利申请号：201110068853.5）

为通用底槽与无纺布基质袋、黑白膜、方形定植钵组合而成的栽培设施。将地面整理平整，高低误差不超过±10mm，铺设园艺地布进行土壤隔离后，铺设通用底槽和黑白膜，将基质袋按株距设置进行布置，即株距40cm，基质袋间距4cm，上面再铺设一层黑白膜，在基质袋上方的黑白膜上开一个与方形定植钵底部边长匹配的定植口，不伤及基质袋。将培育好苗的定植钵直接摆放到开口位置即可，初次浇透水，使定植钵中基质与基质袋中的基质经无纺布的吸湿作用，实现上下水分的毛细管作用连接。初期可以将槽内水位淹没到基质袋1/2的位置，随着作物根系下扎到基质袋中，逐渐降低水位至20mm，每天定时进行流动循环灌溉（见图2-3、图2-4）。

图2-3　番茄简易型复合无土栽培模式

图2-4　简易型复合无土栽培番茄定植后景观

6.标准型复合无土栽培（发明专利申请号：201110068853.5）

采用通用底槽与D型定植板、无纺布基质袋（见图2-5）、黑白膜、方形定植钵进行组合，设施标准化程度高，外形美观。将地面整理平整，高低误差不超过±10mm，铺设园艺地布进行土壤隔离后，铺设通用底槽和黑白膜，将基质袋按株距设置进行布置，即株距40cm，基质袋间距4cm，将D型定植板覆盖后即可定植。将育好苗的定植钵直接摆放到定植板的方形定植口中即可。初次浇透水，使定植钵中基质与基质袋中的基质经无纺布的吸湿作用，实现上下水分的毛细管作用连接。初期槽内水位淹没到基质袋的1/2位置，随着作物根系生长进入基质袋，逐渐降低水位至20mm，每天定时进行流动循环灌溉（见图2-6～图2-9）。

图2-5 复合无土栽培铺设基质袋

图2-6 标准型复合无土栽培设施

图2-7 标准型复合无土栽培番茄定植后景观

图2-8 番茄标准型复合无土栽培结果期

图2-9 复合无土栽培模式番茄生长势

三、LG-D型无土栽培设施模式的优越性

① 通用底槽的宽度、高度适合栽培各种果菜、叶菜，既适合做水培，也可与基质袋结合，做成水培、基质培复合模式，充分体现其多功能性。

② 配套开发的4种不同用途的定植板、托植板，满足了不同作物及不同栽培模式的需求。

③ 通用底槽与定植板的宽度，可单槽连接成“栽培畦”，操作道宽80～120cm，用于栽培各种果菜；双槽并列布成栽培畦时，恰好是正常叶菜的栽培畦宽度（120cm），操作道宽40～60cm。因此，这种宽度的栽培槽比以往40～50cm和80～100cm宽度设计的栽培槽更加合理。

④ 定植板上定植孔周围的凸起设计可以避免温室的滴水、灰尘进入定植孔，避免病菌侵入根基和进入营养液；槽与槽、槽与定植板之间连接处的嵌合结构设计，提高了水培根际环境的污染防御能力，降低病虫害的入侵概率。

⑤ 通用底槽与基质袋、方形定植钵、黑白膜覆盖、D型定植板结合的复合型无土栽培模式，充分发挥了基质栽培与水培的综合优势，克服了两者的缺点，不仅可以进行无机营养液栽培，还可用有机液肥进行灌溉，解决了有机生态型无土栽培必须使用固体有机肥的种种弊端。

⑥ 水培、基质培复合栽培模式，解决了基质栽培必须用滴灌进行灌溉而带来堵塞和供液（给水）不均匀的缺水、死苗和生长不均衡问题。

⑦ 无纺布基质袋的标准化产品和商品化生产，不再需要在栽

培现场配制基质和装袋，将基质袋直接按株距要求进行铺设，槽内灌水浸泡基质袋，定植时不需要在基质袋上开口，将底部带网格的方形定植钵直接摆放在袋子上即可，实现了无土栽培设施系统的标准化、规范化、洁净化作业，操作人员可以十分轻松、干净地完成种植作业。

⑧ 作物根系在3～5d内就能穿透无纺布扎入基质中，一段时间后再一次穿出袋壁，向槽内空间伸展，使根际水、肥、气环境得到有效调控。

⑨ 栽培结束后，切断栽培钵底部根系，将基质袋堆积覆膜，进行高温闷闭消毒，沤腐基质中的残根，而后晾晒干燥，将基质袋周围的须根轻轻刮除即可投入下一茬栽培使用。

第三节
LG-L立体无土栽培设施及栽培模式

针对本人原设计发明的斜插式立体栽培柱、栽培墙设施结构在安装、栽培过程中存在的问题，对这两种栽培设施装置进行了较大的改正，研制开发出第二代链条组合式墙体栽培（专利号：ZL 200820109103.1）、组拼式墙面立体栽培和三角立柱栽培设施三套模式。2011年，又针对目前所有立柱式栽培设施装置普遍存在需要更换基质，主体结构遮挡光照明显以及蔬菜直立生长不均衡、商品性差等的弊端，进一步研究开发出第三代螺旋仿生立体水培柱（专利号：ZL 201120202956.1）。

一、链条组合式墙体栽培设施结构

由墙体栽培槽、槽顶盖、底部集液槽、基座、固定轴管、无纺布、基质、定植杯、营养液循环供液系统等组成。

栽培槽体由高密度聚苯材料模压而成，槽外长860mm，高125mm，宽40mm，深10mm，厚度为20mm。槽内分设四个挡格，每个挡格的底部具有两个排液口，两侧各带一个凸出的U形定植口，整个栽培槽体两侧共有8个定植口。栽培槽两端带有内径40mm的轴管圈，两端轴管圈的位置是上下错位排列，便于横向连接。栽培槽体的上端和底部具有上下叠加的嵌合结构，使槽体纵向串叠后形成整体，并可避免槽内上下水不外溢。

槽顶盖、集液底槽长宽与栽培槽体完全一致，两端带轴管圈，顶槽盖内深40mm，底部集液槽内深60mm，底部中间具一个内径25mm、外径50mm的排液口，可以外接内径50mm的PVC管。基座与固定轴管起支撑与连接、固定栽培墙体的作用，基座一般为砖混结构，高度200～240mm，宽度与栽培槽体外宽基本一致，事先将回液管路固定到基座中，轴管上部与温室或其他建筑物进行连接固定，以确保整体栽培墙设施的稳固。

无纺布、基质是墙体栽培槽内作物根系生长的载体，无纺布承担吸水和保护基质不下漏、不外溢的作用，基质可选用海绵或珍珠岩、大粒蛭石、小陶粒等吸水性、透气性、排水性好的材料。

配合墙体栽培槽的凸起定植口，设计了一种专用U形定植杯，杯体外壁为封闭式，内壁和底部为格栅状，供作物根系向外伸展。定植杯底部平整，装上基质后可以自立，便于分苗、移苗操作和苗床浇水作业，成苗后将杯体直接塞入墙体的定植孔中即完成定植作业。

二、三角立柱栽培设施

由三角立柱钵、无纺布、基质、定植杯、轴心管、集液槽、营养液循环供液系统等组成。

三角立柱钵为整六边形，高160mm，内深140mm，中间为内径50mm的轴心管圈，管圈外壁与钵体内壁具间隙结构，用于填充基质材料，满足作物根系生长对空间的需要，其间隙宽为30～40mm，内腔底部具有6个排液孔，有利于营养液的上下径流；栽培钵体具三个凸起的U形定植口，呈“正三角”排列，故名三角立柱栽培模式。

无纺布、基质、定植杯、轴心管等的功能及材料基本与链条组合式墙体栽培一致。集液槽可以是水泥结构，也可采用多功能栽培设施的通用底槽与A型定植板配合。集液槽的宽度一般在300～800mm之间，深度50～120mm，将柱体排出的营养液全部收集并通过排液管路流回营养液池，完成循环供液。在集液槽上覆盖定植板或铺设鹅卵石，进行叶菜或花草的平面种植。

三、组拼式墙面立体栽培设施

由栽培盒、连接盒、无纺布、海绵、定植杯、集液槽、附着支架、固定螺丝、营养液循环系统等组成。

栽培盒由ABS塑料模压而成，栽培盒外径尺寸：长250mm，高125mm，宽30mm。上部开口处壁厚1mm，往下逐渐增厚至2mm。栽培盒中间具有一个挡格，将盒体分为纵向两个空腔（124mm×124mm）供植物根系生长，空腔内填充无纺布和基质材料。栽培盒底部具有8个直径12mm的排水孔；盒体上口的外壁上具有两个U形凸起的定植口，定植口内径为38mm。盒口的内壁高出盒体20mm，具3个固定螺孔。连接盒外形尺寸、盒内构造和栽培盒完全一致，只是不带定植口，起到连接栽培墙上下栽培盒给排液的作用和调节植物种植间距的作用。盒体中填充无纺布包裹的基质材料，作为根系生长的载体。

墙体支撑附着物，必须是完全平整的垂直面，能拧进螺丝，便于将栽培盒、连接盒固定在垂直面上，也可考虑采用木条、木板等做成骨架，再将栽培盒、连接盒安装固定在骨架上形成栽培墙体。

回液槽设在栽培墙体设施的底部，用塑料槽或水泥槽将栽培墙体盒排出的水肥收集并回流到营养液池中以完成循环供液。

四、螺旋仿生立体水培柱

由栽培钵、外罩式定植盖、内嵌式种植盘、小型定植杯、柱芯管、营养液循环系统等组成。

栽培钵采用聚丙塑料模压而成，钵体高45mm，厚2mm，外形为六瓣花边形，外径230mm，钵的一侧带内径75mm的固定圈，与栽培钵形成整体，圈壁厚为5mm，高度为80mm。栽培钵的一侧底部设有排液管口，内径为16mm，可以插接外径16mm的PVC管调节钵内水位。

外罩式定植盖其内径尺寸与栽培钵外径尺寸吻合，罩在栽培钵上形成一个整体，定植盖上具有7个内径25mm的定植孔。定植盖的一侧边沿设有一个内径16mm的进液口。内嵌式种植盘其外径尺寸与栽培钵内径尺寸吻合，搁置在栽培钵内形成“笼屉形”构造。种植盘底部为网格状，便于根系的穿透。

柱芯管为外径75mm的PVC管，回液管路在每个栽培柱的底部设一个对应回液管口，将每个柱的排液串联回收，流回到营养液池，完成循环供液。

五、LG-L立体栽培设施的应用

1.三角立柱栽培模式

生产性栽培一般将立柱钵串叠到180～200cm高，需要11～13个立柱钵串叠；观光场所栽培一般高度没有严格标准，可高低错落；家庭阳台栽培一般6～12个立柱钵串叠即可。三角立柱钵需先装上基质，在钵内衬垫一层无纺布，将基质灌注入钵内空间，至八九成满，再将无纺布边沿覆盖在基质表面，实际上是用无纺布把基质包裹起来，避免串叠立柱钵时出现基质洒溢现象。立柱底部需要统一的集液槽，一般在地面砌宽度30～80cm的砖混水泥槽，做好防渗处理。在集液槽的中间或一端设一个排液口，将营养液排入地下回液管路，集中流回到营养液池中。立柱体一般是在顶部设置网格进行固定，也可将柱芯管事先预埋固定在集液槽中。

2.链条组合式墙体栽培模式

链条组合式墙体栽培一般不作为生产性使用，可作为温室东西分区的“生态隔离墙”、观光农业的“景观墙”、生态餐厅的“雅间装饰墙”等使用，在这些场合使用，栽培墙的间距比较大，互相遮光的时间少，能确保整体墙面上的作物生长一致。

组装墙体时，底层先布置集液槽，第二层从左到右依次搭接，第三层从右到左依次搭接，使上下层栽培槽的定植口位置错开，一层一层串叠栽培槽，至高度达到设计要求（一般正常栽培墙高度180～200cm，也可做到300cm高度），到顶部加盖一层顶槽，形成一面完全封闭的墙体栽培设施。栽培槽两端的轴心管下部固定在基座上，顶部与温室柱进行连接固定。在栽培墙的顶槽上布置供液管，采用滴灌灌溉。

3.组拼式墙面立体栽培模式

组拼式墙面立体栽培模式一般也不作为生产性使用，可作为温室东西分区的生态隔离，观光农业的景观布置，生态餐厅的雅间隔离，建筑物表面垂直绿化、美化等使用。

以上3种立体栽培模式，结构装置与原理基本一致，主要适合栽培散叶株型和分枝株型的绿叶蔬菜和各种矮生花草，不适宜栽培草莓、结球叶菜等。一般常见的叶用甜菜、散叶生菜、木耳菜、番杏、紫背天葵、乌塌菜、奶白菜等都可栽培。

4.螺旋仿生立体水培柱模式

这是根据植物叶片在主茎上螺旋着生的原理而设计的一种“仿生栽培装置”，打破了传统立柱栽培中柱粗大而种植部位偏小的模式。将每个栽培钵从下往上依次螺旋形串叠，形成中柱细（外径84mm）、栽培钵大（外径230mm）的设施构造。作物幼苗定植在栽培钵的定植盖上，根系伸展在栽培钵的营养液中，和中柱不发生关联，而且把作物与中柱的间距拉开，从而把柱体对作物生长的影响降到最低（见图2-10、图2-11）。

螺旋仿生立体水培模式可以栽培大部分叶类蔬菜和各种矮生花草及草莓，还可进行细叶菜和芽苗菜的培育，这是其他任何一种柱式栽培都无法实现的，显著扩大了栽培品种的范围。栽培大棵型叶菜（结球生菜、羽衣甘蓝），每层栽培钵定植一棵即可；栽

图2-10　螺旋仿生水培柱种植景观

图2-11　螺旋仿生水培柱栽培场景

培中棵型（散叶生菜、花叶生菜）蔬菜，每层栽培钵定植3棵；小棵型定植7棵（油麦菜、空心菜、紫背天葵等）；细叶菜、芽苗菜等采用内嵌式种植盘，栽培密度可进一步加大。

六、LG-L系列立体栽培模式的主要优点

① 第一代斜插式立柱、墙体栽培设施是汪晓云在1999年设计发明的，率先在河北省北戴河集发生态农业观光园进行栽培应用，从最初的手工制作栽培设施到采用模具生产带斜插孔的圆柱钵、栽培墙板经历了3年时间，此后这两种栽培模式很快在全国各地推广、效仿应用。这两套立体栽培模式实现了立体栽培在定植时不需要对主体结构及柱体、墙体内基质材料的扰动，作物育苗直接在斜插管杯中进行，将管杯直接插入立体设施的斜插孔即可；同时，供液、回液管路在立体栽培设施的上下端进行安装，水肥在立体设施内部的基质材料中润流，不需要对立体设施上的每棵作物单独给水、给肥，简化了栽培设施和管理程序。

② 通过几年的应用及栽培实践，于2008年对斜插式立柱栽培及墙体栽培的设施结构进行了改正创新，将立柱钵、墙体上的斜

插孔改为凸出垂直面的U形定植孔，将斜插管式杯这一不规范结构改为专用U形定植杯。U形定植杯可以直接直立育苗，解决了斜插管杯不能自立、不利于育苗操作的问题。

立柱栽培装置从方形、圆形改为“三角六边形”，在3个对角定植植物，一是极大地方便了立柱钵的串叠安装，实现上下层栽培钵定植孔的准确错位；二是使栽培柱体对每棵作物横向生长空间的释放发挥到极致（三角柱每棵作物的垂直生长空间可达到300°的方位，而圆形栽培柱的每棵作物垂直生长空间只有200°左右），有利于作物更好地直立生长。

墙体栽培设施从两片夹板结构改为槽式结构，从依靠设立内钢管骨架固定墙体，改为通过轴管穿过栽培槽体两端的链接轴圈来固定墙体。这一结构的改正一方面使墙体栽培设施的安装更加容易、便捷；另一方面使固定骨架不再和栽培基质体、营养液等掺杂在一起，避免了钢管骨架因营养液酸碱侵蚀而锈腐和释放有毒离子的问题，也避免了根系与锈蚀金属管的接触。栽培槽两端的链接轴圈设计使纵向固定管的安装更为方便，这种轴圈链接结构使墙体栽培立面造型可以随意而变，最大变幅角度可达90°，也就是可以将栽培墙直接回合成一个正方形或长方形的“院墙”而不需在拐角处断开安装，还可回合成六边形、八边形、多边形及波浪形栽培墙，可组合出富有文化、艺术与科技内涵的立体栽培景观。

③ 螺旋仿生水培柱的设计构思，改变了传统立柱式栽培中柱粗大、栽培孔位小的“依附性”种植结构，使中柱完全脱离作为植物根系生长空间与水肥流经通道的功能，成为独立并支撑栽培钵的骨架结构。栽培钵在中柱上的螺旋形排列使每个栽培钵中的植物得到全方位生长空间，并使每棵作物活动更充分地接受直射

光照射，将设施结构对光照的遮挡降到最低。

栽培钵配套了两套定植盖，使可选择栽培的作物品种更加丰富。定植盖的灵活揭、盖设计，使每个栽培钵内残根清理、钵体消毒更为方便、彻底。同时解决了以往立柱栽培设施必须拆卸整体柱子才能进行立柱钵内残根清理、更换基质、消毒等的弊端，使换茬、清理、消毒、再定植等作业效率显著提高，周期显著缩短。

回液管路安装及设施的固定不再需要固定基座、回液槽、集液槽等基础土建工程，减轻了工程施工强度和难度，降低了栽培工程费用投入，回液管路可直接布于地表或浅埋地下，工程衔接既方便又省力，有利于推广应用。

第三章 基质的选用及处理

基质是无土栽培的基础，即使采用水培方式，育苗期间和定植时也需要少量基质来固定和支持作物。常用的基质有砂、砾石、珍珠岩、蛭石、岩棉、草炭、锯木屑、炭化稻壳、各种泡沫塑料和陶粒等。新型基质也在不断开发和使用。因基质栽培设备简单、投资较少、管理容易、基质性能稳定，并有较好的实用价值和经济效益，所以基质栽培发展迅速。

第一节　基质的理化性质

一、基质的作用

1.支持和锚定植物

这是固体基质的基本作用。基质使植物保持直立，并给植物根系提供一个良好的生长环境。

2.保持水分

固体基质都具有一定的保水能力，基质之间的持水能力差异很大。例如，珍珠岩，它能够吸收相当于本身重量3～4倍的水分；泥炭则可以吸收相当于本身重量10倍以上的水分。基质具有一定的保水性，可以防止供液间歇期和突然断电时植物由于吸收不到水分和养分而干枯死亡。

3.透气

固体基质的孔隙存有空气，可以供给植物根系呼吸所需的氧气。固体基质的孔隙也是吸持水分的地方。因此，要求固体基质既具有一定量的大孔隙，又具有一定量的小孔隙，两者比例适当，可以同时满足植物根系对水分和氧气的双重需求，以利于根系生长发育。

4.缓冲作用

缓冲作用是指固体基质能够给植物根系的生长提供一个稳定环境的能力，即当根系生长过程中产生的有害物质或外加物质可能会危害到植物正常生长时，固体基质会通过其本身的一些理化性质将这些危害减轻甚至化解。具有物理化学吸收能力的固体基质如草炭、蛭石都有缓冲作用，称为活性基质；而不具有缓冲能力或缓冲能力较弱的基质，如河砂、砾石、岩棉等称为惰性基质。

5.提供营养

泥炭、木屑、树皮等有机基质能为植物苗期或生长期间提供一定的矿质营养。

二、基质的物理性质

基质的好坏首先取决于基质的物理性质。在水培中，基质是否肥沃并不重要，其一方面要起到固定植株的作用，另一方面为作物生长创造良好的水气条件。基质栽培则要求基质具有良好的物理性质。反映基质物理性质的主要指标有粒径（颗粒大小）、容重、总孔隙度、气水比等。

1. 容重

容重是指单位体积干基质的重量，一般用g/L或g/cm^{3}表示。测定容重的方法是：用一已知体积的容器装入待测基质，再将基质倒出后称其重量，以基质的重量除以容器的容积即可。

基质的容重与基质粒径和总孔隙度有关，其大小反映了基质的松紧程度和持水透气能力。容重过大，说明基质过于紧实，不够疏松，虽然持水性较好，但通气性较差；容重过小，说明基质过于疏松，虽然通气性较好，有利于根系延伸生长，但持水性较差，固定植物的效果较差，根系易漂浮。

不同基质的容重差异很大（见表3-1），同一种基质由于压实程度、粒径大小不同，容重也存在差异。基质容重在0.1～0.8g/cm^{3}范围内植物栽培效果好。

表3-1　几种常见基质的物理性状

基质名称	容重 /（g/cm^3）	总孔隙度 /%	通气隙度 /%	持水孔隙 /%	气水比
菜园土	1.10	66.0	21.0	45.0	1 ： 2.40
砂子	1.49	30.5	29.5	1.0	1 ： 0.03
煤渣	0.70	54.7	21.7	33.0	1 ： 1.51
蛭石	0.13	95.0	30.0	65.0	1 ： 2.17
珍珠岩	0.16	93.2	53.0	40.2	1 ： 0.76
岩棉	0.11	96.0	2.0	94.0	1 ： 47.00
泥炭	0.21	84.4	7.1	77.3	1 ： 10.89
锯末	0.19	78.3	34.5	43.8	1 ： 1.27
炭化稻壳	0.15	82.5	57.5	25.0	1 ： 0.44
棉籽壳	0.24	74.9	55.1	19.8	1 ： 0.36

2.总孔隙度

总孔隙度是指基质中通气孔隙与持水孔隙的总和，以孔隙体积占基质总体积的百分比来表示。总孔隙度反映了基质的孔隙状况，总孔隙度大（如岩棉、蛭石的总孔隙度都在95%以上），说明基质较轻、疏松，容纳空气和水的量大，有利于根系生长，但植物易漂浮，锚定植物的效果较差；反之，则基质较重、坚实，水分和空气的容纳量小，不利于根系伸展，需增加供液次数。可见，基质的总孔隙度过大或过小都不利于植物的正常生长发育。生产上常将粒径不同的基质混合使用，以改善基质的物理性能。基质的总孔隙度一般要求在54% ～ 96%范围内即可。

总孔隙度计算公式为：

$$总孔隙度(\%)=(1-容重/密度)\times 100\%$$

由于基质的密度测定较为麻烦，可按下列方法进行粗略估测：取一个已知体积（V）的容器，称其重量（W_1），在此容器中加满待测的基质，再称重（W_2），然后将装有基质的容器放在水中浸泡一昼夜，称重（W_3），注意加水浸泡时要让水位高于容器顶部，如果基质较轻，可在容器顶部用一块纱布包扎好，称重时把包扎的纱布去掉。然后通过下式来计算这种基质的总孔隙度：

$$总孔隙度(\%)=\frac{(W_3-W_1)-(W_2-W_1)}{V}\times 100\%$$

式中　W_1,W_2,W_3——重量，g；

V——体积，cm^3。

3.气水比

基质总孔隙度只能反映基质容纳空气和水分的空间总和，难以反映水、气的相对容纳空间。基质气水比（即大小孔隙比）是指在一定时间内，基质中容纳气、水的相对比值，通常以通气孔隙和持水孔隙之比表示。基质中直径在0.1mm以上的孔隙，其中的水分在重力作用下很快流失，主要容纳空气，称为通气孔隙（大孔隙）；而直径在0.001～0.1mm的孔隙，主要储存水分，称为持水孔隙（小孔隙）。大小孔隙比能够反映基质中气、水间的状况，是衡量基质优劣的重要指标，与总孔隙度合在一起可全面反映基质中气和水的状态。如果大小孔隙比大，说明基质空气容量大，而持水量小，贮水力弱而通透性强；反之，空气容量小，而持水量大。一般来说，基质的大小孔隙比应保持在1 ：（1.5～4）。气水比的计算公式为：

$$\text{基质气水比}=\text{通气孔隙}(\%)/\text{持水孔隙}(\%)$$

要测定气水比就要先测定基质中通气孔隙和持水孔隙各自所占的比率，其测定方法是：取一已知体积（V）的容器，装入固体基质后按照上述方法测定其总孔隙度后，将容器上口用一已知重量的湿润纱布（W_4）包住，把容器倒置，让容器中的水分流出，放置2h，直至容器中没有水分渗出为止，称其重量（W_5），通过下式计算通气孔隙和持水孔隙所占的比例（单位同总孔隙度测定）。

$$\text{通气孔隙}(\%)=\frac{W_3+W_4-W_5}{V}\times 100\%$$

$$\text{持水孔隙}(\%)=\frac{W_5-W_4-W_2}{V}\times 100\%$$

4.粒径（颗粒大小）

粒径是指基质颗粒的直径大小，用mm表示。基质的颗粒大小一般分为五级：小于1mm的为一级；大于1mm但小于5mm的为二级；大于5mm但小于10mm的为三级；大于10mm但小于20mm的为四级；大于20mm但小于50mm的为五级。基质的粒径直接影响基质的容重、总孔隙度和气水比。同一种基质粒径越大，容重越小，总孔隙度越大，气水比越大，通气性较好，但持水性较差，栽培时要增加浇水次数；反之，粒径越小，容重越大，总孔隙度越小，气水比越小，持水性较好，通气性较差，容易造成基质内通气不良、水分过多，影响根系呼吸，抑制根系生长。因此，选用基质时要选择颗粒大小合适的材料。

几种常用基质的物理性状见表3-1。

三、基质的化学性质

基质的化学性质主要有基质的化学组成及其稳定性、酸碱性、阳离子代换量、缓冲能力和电导率等。了解基质的化学性质及其作用有助于在选择基质和配制、管理营养液的过程中增强针对性，提高栽培管理效果。

1.基质化学组成及其稳定性

基质的化学组成是指其本身所含有的化学物质种类及其含量，包括植物可吸收利用的有机营养和矿质营养以及有毒有害物质。基质的化学稳定性是指基质发生化学变化的难易程度。有些容易发生化学变化的基质，发生变化后产生一些有害物质，既伤害植物根系，又破坏营养液原有的化学平衡，影响根系对各种养分的有效吸收。因此，无土栽培中应选用稳定性较强的材料作为基质。这样可以减少对营养液的干扰，保持营养液的化学平衡，也便于对营养液的日常管理。

基质种类不同，化学组成不同（见表3-2），因而化学稳定性也不同。一般来说，主要由无机物质构成的基质，如河砂、砾石等，化学稳定性较高；而主要由有机物质构成的基质，如木屑、稻壳等，化学稳定性较差。但草炭的性质较为稳定，使用起来也最安全。

表3-2 常见基质的营养元素含量

基质	全氮/%	全磷/%	速效磷/(mg/L)	速效钾/(mg/L)	代换钙/(mg/L)	代换镁/(mg/L)	速效铜/(mg/L)	速效锌/(mg/L)	速效铁/(mg/L)	速效硼/(mg/L)
菜园土	0.106	0.077	50.0	120.5	324.70	330.0	5.78	11.23	28.22	0.425
煤渣	0.183	0.033	23.0	203.9	9247.5	200.0	4.00	66.42	14.44	20.3
蛭石	0.011	0.063	3.0	501.6	2560.5	474.0	1.95	4.0	9.65	1.063
珍珠岩	0.005	0.082	2.5	162.2	694.5	65.0	3.50	18.19	5.68	—
岩棉	0.084	0.228	—	1.338*	—	—	—	—	—	—
棉籽壳	2.20	0.210	—	0.17*	—	—	—	—	—	—
炭化稻壳	0.54	0.049	66.0	6625.5	884.5	75.0	1.36	31.30	4.58	1.290

注：*为全钾百分数（%）。

2.基质的酸碱性

基质本身有一定的酸碱性。基质过酸或过碱都会影响营养液的酸碱性，严重时会破坏营养液的化学平衡，阻止植物对养分的吸收。所以，选用基质之前应对其酸碱性有一个大致的了解，以便采取相应的措施加以调节。检测基质酸碱度的简易方法是：取1份基质，加入其体积5倍的蒸馏水，充分搅拌后用试纸或酸度计测定pH值。

3.基质的阳离子代换量

基质的阳离子代换量（CEC）是指在一定酸碱条件下，基质含有可代换性阳离子的数量。它反映基质代换吸收营养液中阳离子的能力。通常在pH 7时测定，以每100g基质代换吸收营养液中阳离子的物质的量（mmol）表示，单位为mmol/100g基质。并非所有的基质都有阳离子代换量。部分基质的阳离子代换量见表3-3。

表3-3　几种基质的阳离子代换量

基质种类	阳离子代换量 /（mmol/100g）
高位泥炭	140 ～ 160
中位泥炭	70 ～ 80
蛭石	100 ～ 150
树皮	70 ～ 80
砂、砾石、岩棉等惰性基质	0.1 ～ 1

基质具有阳离子代换量会影响营养液的平衡，使人们难以监测和控制营养液的组分；有利的一面是它能暂时储存营养、减少养分损失和对营养液的酸碱反应有缓冲作用，在供液间歇期也不影响植物根系对养分的吸收。

4.基质的缓冲能力

是指基质在加入酸碱物质后本身所具有的缓和酸碱变化的能力。缓冲能力大小主要由阳离子代换量、基质中的弱酸及其盐类的多少决定。一般来说，阳离子代换量大的，其缓冲能力也大；反之，则缓冲能力小。依基质缓冲能力的大小排序，则有机基质＞无机基质＞惰性基质＞营养液。一般来说，植物性基质如木屑、泥炭、木炭等都具有缓冲能力；而矿物性基质除蛭石外，大多数没有或很少有缓冲能力。

5. 基质的电导率

基质的电导率是指基质未加入营养液之前，本身具有的电导率，可用电导率仪测定。它表示基质内部已电离盐类的溶液浓度，反映基质含有的可溶盐分的多少，将直接影响到营养液的平衡。基质中可溶性盐含量不宜超过1000mg/kg，最好＜500mg/kg。使用基质前应对其电导率进行测定，以便用淡水淋洗或作其他适当处理。

基质的电导率和硝态氮之间存在相关性，故可由电导率值推断基质中氮素含量，判断是否需要施用氮肥。一般在花卉栽培时，当电导率小于0.37～0.5mS/cm（相当于自来水的电导率）时必须施肥；电导率达1.3～2.75mS/cm时，一般不再施肥，并且最好淋洗盐分；栽培蔬菜作物时的电导率应大于1mS/cm。

6. 基质的碳氮比

基质的碳氮比（C/N值）是指基质中碳和氮的相对比值。碳氮比高的基质，由于微生物生命活动对氮的争夺，会导致植物缺氮。碳氮比很高的基质，即使采用了良好的栽培技术，也不易使植物正常生长发育。因此，木屑和蔗渣等有机基质，在配制混合基质时，用量不超过20%，或者每立方米加8kg氮肥，堆积2～3个月，然后再使用。另外，大颗粒的有机基质由于其表面积小于其体积，分解速度较慢，而且其有效碳氮比小于细颗粒的有机基质。所以，要尽可能使用粗颗粒的基质，尤其是碳氮比低的基质。一般规定，碳氮比在（200：1）～（500：1）之间属中等，小于200：1属低等，大于500：1属高等。通常碳氮比宜中宜低不宜高。C/N值=30左右较适合作物生长。

第二节　基质的种类及特性

一、基质的种类

依基质的来源划分为天然基质（如砂子、砾石、蛭石等）和合成基质（如岩棉、陶粒、泡沫塑料等）；依基质的化学组成划分为无机基质（如砂子、蛭石、砾石、岩棉、珍珠岩等）和有机基质（如泥炭、木屑、树皮等）；依基质的组合划分为单一基质和复合基质；依基质的性质划分为活性基质（如泥炭、蛭石）和惰性基质（如砂、砾石、岩棉、泡沫塑料）。

二、常用基质的特性

（一）岩棉

岩棉是人工合成的无机基质。荷兰于1970年首次将其应用于无土栽培，目前在全世界使用广泛的岩棉商品名为格罗丹（Grogen）。成型的大块岩棉可切割成小的育苗块或定植块，还可以将岩棉制成颗粒状（俗称粒棉）。目前国内已有一批中小型岩棉厂用此工艺生产。沈阳热电厂生产的优质农用岩棉，售价较低。由于岩棉使用简单、方便、造价低廉且性能优良，岩棉培被世界各国广泛运用，在无土栽培中岩棉培面积居第一位。但岩棉培要求配备滴灌设施以及良好的栽培技术。

岩棉的理化性质如下：

（1）有稳定的化学性质　岩棉由氧化硅和一些金属氧化物组

成，是一种惰性基质。新岩棉的pH值较高，一般pH为7～8，使用前需用清水漂洗，或加少量酸，经调整后的农用岩棉pH值比较稳定。

（2）有优良的物理性状　岩棉质地较轻，不腐烂分解，容重一般为70～100kg/m^3；孔隙度大，高达95%，透气性好；吸水力强，可吸收相当于自身重量13～15倍的水分。岩棉吸水后，会因其厚度的不同，含水量从下至上而递减，空气含量则自下而上递增。处于饱和态的岩棉，水分和空气所占比例为13∶6。

（3）岩棉纤维不吸附营养液中的元素离子，营养液可充分提供给作物根系吸收。

（4）岩棉经高温完全消毒，不会携带任何病原菌，可直接使用。

岩棉已被认为是无土栽培的最好的一种基质，因为它为植物提供了一个保肥、保水、无菌、空气供应充足的良好根际环境。无土栽培中岩棉主要应用在3个方面：① 用岩棉育苗；② 循环营养液栽培（如NFT）中植株的固定；③ 用于岩棉基质的袋培滴灌技术。

（二）砂

砂来源广泛，价格便宜，主要用作砂培的基质。不同地方、不同来源的砂，其组成成分差异很大。一般含二氧化硅50%以上。砂的pH 6.5～7.8，容重为1.5～1.8g/cm^3，总孔隙度为30.5%，气水比为1∶0.03，碳氮比和持水量均低，没有阳离子代换量，电导率为0.46mS/cm。使用时以选用粒径为0.5～3mm的砂为宜，粒径太大则通气过剩、保水能力弱，植株易缺水，营养液的管理不便；

而粒径太小则易积水，造成植株根际的涝害。较为理想的砂粒粒径大小的组成应为：＞4.7mm的占1%；2.4～4.7mm的占10%；1.2～2.4mm的占26%；0.6～1.2mm的占20%；0.3～0.6mm的占25%；0.1～0.3mm的占15%；0.07～0.12mm的占2%；0.01mm的占1%。

无土栽培前，要确保砂中不含有毒物质。海边的砂通常含较多的氧化钠，要用清水冲洗后才能使用。石灰性地区所产的砂，只有碳酸钙的含量低于20%才可使用；超过20%，则要用过磷酸钙处理。方法是将2kg过磷酸钙溶于1000L水中，用其浸泡砂30min后，将液体排掉，使用前再用清水冲洗。

另外，在栽培上应用时必须注意砂在使用前应进行过筛、冲洗，除去粉粒及泥土；以采用间歇供液法为好，因连续供液法会使砂内通气受限。

（三）砾石

砾石是砾培基质，来源于河边的石子或采石场。因来源不同，化学组成差异较大。砾石容重大（1.5～1.8g/cm^3），不具阳离子代换量，保浊保肥能力差，通气排水性好。一般应选用非石灰性石砾，否则会影响营养液的pH值，使用前必须用过磷酸钙处理，方法同砂处理。砾石的粒径应在1.6～20.0mm，坚硬，棱角钝。由于砾石质重、来源受限，供液管理上比较严格，使用范围不大。

（四）珍珠岩

珍珠岩由硅质火山岩在1200℃下燃烧膨胀而成，白色、质轻，呈颗粒状，粒径为1.5～4mm，容重0.13～0.16g/cm^3，总孔隙度

60.3%，气水比为1∶1.04，可容纳自身重量3～4倍的水，化学性质比较稳定，含有硅、铝、铁、钙、锰、钾等氧化物，电导率为0.31mS/cm，呈中性，阳离子代换量小，无缓冲能力，不易分解，但遭受碰撞时易破碎。珍珠岩可以单独使用，但质轻粉尘污染较大，使用前最好戴口罩，先用水喷湿，以免粉尘纷飞；浇水过猛，淋水较多时易漂浮，不利于固定根系，因而多与其他基质混合使用。

（五）蛭石

蛭石是由云母类矿物加热至800～1100℃时形成的海绵状物质。质地较轻，每立方米重80～160kg，容重较小（0.07～0.25g/cm^3），总孔隙度95%，气水比1∶4.34，具有良好的透气性和保水性，电导率为0.36mS/cm，碳氮比低，阳离子代换量较高，具有较强的保肥力和缓冲能力。蛭石中含较多的钙、镁、钾、铁，可被作物吸收利用。因产地、组成不同，可呈中性或微碱性。当与酸性基质（如泥炭）混合使用时不会发生问题，单独使用时如pH值太高，需加入少量酸调整。蛭石可单独用于水培育苗，或与其他基质混合用于栽培。无土栽培用蛭石粒径在3mm以上，用作育苗的蛭石可稍细些（0.75～1.0mm）。使用新蛭石时，不必消毒。蛭石的缺点是易碎，长期使用时结构会被破坏，孔隙变小，影响通气和排水。因此，在运输、种植过程中不能受重压，蛭石不宜用作长期盆栽植物的基质。一般蛭石使用1～2次后，可以作为肥料施用到大田中。

（六）炉渣

炉渣容重适中，为0.78g/cm^3，有利于固定作物根系。具有良好的理化性质，总孔隙度55%，持水量为17%，电导率为1.83mS/cm，碳氮比低。含有较多的速效磷、碱解氮和有效磷，并且含有植物所需的多种微量元素，如铁、锰、锌、铝、铜等。与其他基质混用时，可不加微量元素。未经水洗的炉渣pH值较高。炉渣必须过筛方可使用。粒径较大的炉渣颗粒可作为排水层材料，铺在栽培床的下层，用编织袋与上部的基质隔开。炉渣不宜单独用作基质，在基质中的用量也不宜超过60%（体积分数）。

（七）草炭

草炭又称泥炭，来自泥炭藓、灰藓、苔藓和其他水生植物的分解残留体，是迄今为止世界公认最好的无土栽培基质之一。尤其是现代大规模工厂化育苗，大多是以草炭为主要基质，其中加入一定量蛭石、珍珠岩以调节物理性质。容重为0.2 ～ 0.6g/cm^3（高位泥炭、低位泥炭分别低于或高于此范围），总孔隙度为77% ～ 84%，持水量为50% ～ 55%，电导率为1.1mS/cm，阳离子代换量属中等或高等，碳氮比低或中，含水量为30% ～ 40%。草炭几乎在世界所有国家都有分布，但分布很不均匀，北方多，南方少。我国北方出产的草炭质量较好。

根据草炭形成的地理条件、植物种类和分解程度的不同，可将草炭分为低位草炭、高位草炭和中位草炭3大类：① 低位草炭分布于低洼的沼泽地带，宜直接作为肥料来施用，而不宜作为无土栽培的基质；② 高位草炭分布于低位草炭形成的地形的高处，以苔藓植物为主，不宜作为肥料直接使用，宜作肥料的吸持物，在无土栽培中可作为复合基质的原料；③ 中位草炭是介于高位草炭和低位草炭之间的过渡类型，可在无土栽培中使用。

不同来源草炭的物理性质见表3-4。

表3-4 不同来源草炭的物理性质

草炭种类	容重/(g/L)	总孔隙度/%	空气容积/%	易利用水容积/%	吸水力/(g/100g)
藓类草炭（高位草炭）	42	97.1	72.9	7.5	992
	58	95.9	37.2	26.8	1159
	62	95.6	25.5	34.6	1383
	73	94.9	22.2	35.1	1001
白草炭（中位草炭）	71	95.1	57.3	18.3	869
	92	93.6	44.7	22.2	722
	93	93.6	31.5	27.3	754
	96	93.4	44.2	21.0	694
黑草炭（低位草炭）	165	88.2	9.9	37.7	519
	199	88.5	7.2	40.1	582
	214	84.7	7.1	35.9	487
	265	79.9	4.5	41.2	467

草炭偏酸性或酸性，富含有机质，有机质含量通常为7%～70%。它的持水、保水力强，但由于质地细腻，容重小，透气性差，所以一般不单独使用，常与木屑、蛭石等其他基质混合使用，可提高其利用效果。用草炭作基质进行无土育苗，管理方便，成功率高。草炭唯一的缺点是成本高。

（八）锯木屑

锯木屑是森林、木材加工业的副产品，来源广、价格低、质量轻、使用方便。世界各地多用它作为栽培基质。作基质的锯木屑不应太细，＜3mm的锯木屑所占比例不应超过10%，一般应有80%在3.0～7.0mm之间。锯木屑容重轻，持水力强，通透性好，不会传播镰刀菌和干枝菌，与其他基质混合使用更能提高栽培效果。但在栽培过程中锯木屑易腐烂，换茬时应更换新锯木屑，或隔季使用。各种树木的锯木屑成分差异较大，树脂、鞣质、松节油等有害物质含量较高，且碳氮比很高，使用前要堆沤。堆沤时可加入较多的氮素，堆沤时间较长（在3个月以上）。

其他无土栽培的常用基质还有刨花、炭化稻壳、棉籽壳、玉米秸、玉米芯、泡沫塑料、向日葵秆等。

第三节　基质的选用

无土栽培要求基质不但能为植物根系提供良好的根际环境，而且为改善和提高管理措施提供便利条件。因此，基质的选用非常重要。

一、基质的选用原则

1.适用性

适用性是指选用的基质是否适合所要种植的植物。基质是否适用可从以下几方面考虑。

① 总体要求是所选用的基质的总孔隙度在60%左右，气水比在0.5左右，化学稳定性强，酸碱度适中，无有毒物质。

② 如果基质的某些性状阻碍作物生长，但可以通过经济有效的措施予以消除，则这些基质也是适用的。基质的适用性还依据具体情况而定，例如泥炭的粒径较小，对于育苗是适用的，但在基质袋培时却因太细而不适用，必须与珍珠岩、蛭石等配制成复

合基质后方可使用。

③ 必须考虑栽培形式和设备条件。例如，设备和技术条件较差时，可采用槽培或钵栽，选用砂子或蛭石作为基质；用袋栽、柱状栽培时，可选用木屑或草炭加砂子的混合基质；在滴灌设备好的情况下，可采用岩棉作基质。

④ 必须考虑植物根系的适应性、气候条件、水质条件等。例如，气生根、肉质根需要很好的透气性，根系周围湿度要大。在空气湿度大的地区，透气性良好的基质如松针、锯木屑非常适合，北方水质呈碱性，选用泥炭混合基质的效果较好。另外，有针对性地进行栽培试验，可提高基质选择的准确性。

⑤ 立足本国实际。世界各国均应根据本国实际情况选择无土栽培用的基质。例如，加拿大采用锯木屑栽培，西欧各国岩棉培居多，南非使用蛭石栽培居多。

2.经济性

经济效益决定无土栽培发展的规模与速度。基质培技术简单，投资小，但各种基质的价格相差很大。应根据当地的资源状况，尽量选择廉价优质、来源广泛、不污染环境、使用方便、可利用时间长、经济效益高的基质，最好能就地取材，从而降低无土栽培的成本，减少投入。

3.市场性

目前市场上对绿色食品的需要量日益加大，市场前景好，销售价格也远高于普通食品。以无机营养液为基础的无土栽培方式只能生产出优质的无公害蔬菜，而采用有机生态型无土栽培方式能生产出绿色食品蔬菜。营养全面、不含生理毒素、不妨碍植物生长、具有较强的缓冲性能的以有机基质为主要成分的复合基质才能满足有机生态型无土栽培要求，从而生产出绿色食品蔬菜。

4.环保性

随着无土栽培面积的日益扩大，所涉及的环境问题也逐渐引起人们的重视，这些环境问题主要有环境法规的限制，草炭资源问题以及废弃物可能引起的重金属污染。

西方国家都制定了相应的制度法规，禁止多余或废弃的营养液排到土壤或水中，避免造成土壤的次生污染和地区水体富营养化。荷兰是世界上无土栽培面积最大、技术最先进的国家，1989年规定温室无土栽培应逐步改为封闭系统，不许造成土壤的次生污染，这就要求选用的基质具有良好的理化性质，具有较强的pH缓冲性能和合适的养分含量，但目前该国面积最大的岩棉栽培是不能满足此要求的。

草炭是世界上应用最广泛、效果较理想的一种栽培基质。同时也是一种短期内不可再生资源，不能无限制地开采，应尽量减少草炭的用量或寻找草炭替代品。

用有机废物作栽培基质不仅可解决废弃物对环境的污染问题，而且还可以利用有机物中丰富的养分供应植物生长所需，但应考虑到有机物的盐分含量、有无生理毒素和生物稳定性。而且必须对有机废物特别是城市生活垃圾及工业垃圾的重金属含量进行检测。

总之，如果仅从基质的理化性质、生物学性质的角度考虑的话，可用的基质材料很多，如果再考虑经济效益、市场需要、环境要求，则基质的选用范围大大减小，各地应因地制宜地选择基质。

二、基质的选配

每种基质用于无土栽培都有其自身的优缺点，故单一基质栽培就存在各种各样的问题，混合基质由于它们相互之间能够优势互补，使得基质的各个性能指标都比较理想。由两种或两种以上基质按一定的比例混合即可配成复合基质（混合基质）。美国加州大学、康奈尔大学从20世纪50年代开始，用草炭、蛭石、砂、珍珠岩等为原料，制成复合基质出售。我国较少以商品形式出售复合基质，生产上根据作物种类和基质特性自行配制复合基质，这样可降低栽培成本。

1.基质选配（混合）的总原则

基质混合总的原则是容重适宜，增加孔隙度，提高水分和空气的含量。同时在栽培上要注意根据混合基质的特性，与作物营养液配方相结合才有可能充分发挥其丰产、优质的潜能。理论上讲，混合的基质种类越多效果越好，生产实践上基质的混合使用以2～3种混合为宜。一般不同作物其复合基质组成不同，但比较好的混合基质应适用于各种作物，不能只适用于某一种作物。如1∶1的草炭、蛭石，1∶1的草炭、锯末，1∶1∶1的草炭、蛭石、锯末或1∶1∶1的草炭、蛭石、珍珠岩，以及6∶4的炉渣、草炭等混合基质，均在无土栽培生产上获得了较好的应用效果。

以下是国内外常用的一些混合基质配方。

① 配方1：1份草炭、1份珍珠岩、1份砂。

② 配方2：1份草炭、1份珍珠岩。

③ 配方3：1份草炭、1份砂。

④ 配方4：1份草炭、3份砂，或3份草炭、1份砂。

⑤ 配方5：1份草炭、1份蛭石。

⑥ 配方6：4份草炭、3份蛭石、3份珍珠岩。

⑦ 配方7：2份草炭、2份火山岩、5份砂。

⑧ 配方8：2份草炭、1份蛭石、5份珍珠岩，或3份草炭、1份珍珠岩。

⑨ 配方9：1份草炭、1份珍珠岩、1份树皮。

⑩ 配方10：1份刨花、1份炉渣。

⑪ 配方11：2份草炭、1份树皮、1份刨花。

⑫ 配方12：1份草炭、1份树皮。

⑬ 配方13：3份玉米秸、2份炉渣灰，或3份向日葵秆、2份炉渣灰，或3份玉米芯、2份炉渣灰。

⑭ 配方14：1份玉米秸、1份草炭、3份炉渣灰。

⑮ 配方15：1份草炭、1份锯末。

⑯ 配方16：1份草炭、1份蛭石、1份锯末，或4份草炭、1份蛭石、1份珍珠岩。

⑰ 配方17：2份草炭、3份炉渣。

⑱ 配方18：1份椰子壳、1份砂。

⑲ 配方19：5份葵花秆、2份炉渣、3份锯末。

⑳ 配方20：7份草炭、3份珍珠岩。

2.基质的混合方法

混合基质用量小时，可在水泥地面上用铲子搅拌；用量大时，应用混凝土搅拌器搅拌。干的草炭一般不易弄湿，需提前一天喷水或加入非离子润湿剂，每40L水中加50g次氯酸钠配成溶液，能把1m^3的混合物弄湿。注意混合时要将草炭块尽量弄碎，否则不利于植物根系生长。

另外，在配制混合基质时，可预先混入一定的肥料，肥料可用N、P、K三元复合肥（15-15-15）以0.25%比例加水混入，或按硫酸钾0.5g/L、硝酸铵0.25g/L、硫酸镁0.25g/L加入，也可按其他营养液配方加入。

3.育苗、盆栽混合基质

育苗基质中一般加入草炭，当植株从育苗钵（盘）取出时，植株根部的基质就不易散开。当混合基质中无或草炭含量小于50%时，植株根部的基质易于脱落，因而在移植时要小心操作以防损伤根系。如果用其他基质代替草炭，则混合基质中就不用添加石灰石。因为石灰石主要是用来提高基质pH值的。为了使所育的苗长得壮实，育苗和盆栽基质在混合时应加入适量的氮、磷、钾养分。

以下为常用的育苗和盆栽基质配方：

（1）加州大学混合基质

0.5m^{3}细砂（0.05～0.5mm）　0.5m^{3}粉碎草炭

145g硝酸钾　4.5kg白云石或石灰石

145g硫酸钾　1.5kg钙石灰石

1.5kg 20%过磷酸钙

（2）康奈尔大学混合基质

0.5m^{3}粉碎草炭　0.5m^{3}蛭石或珍珠岩

3.0kg石灰石（最好是白云石）

1.2kg过磷酸钙（20%五氧化二磷）

3.0kg复合肥（氮、磷、钾含量5-10-5）

（3）中国农业科学院蔬菜花卉所无土栽培盆栽基质

0.75m^{3}草炭　0.13m^{3}蛭石

$0.12m^3$ 珍珠岩　　　　　　3.0kg石灰石

1.0kg过磷酸钙（20%五氧化二磷）

1.5kg复合肥（5-15-15）

10.0kg消毒干鸡粪

（4）草炭矿物质混合基质

$0.5m^3$ 草炭

700g过磷酸钙（20%五氧化二磷）

$0.5m^3$ 蛭石

3.5kg磨碎的石灰石或白云石

700g硝酸铵

第四节　基质的消毒与更换

一、基质的消毒

许多无土栽培基质在使用前可能含有一些病菌或虫卵，在长期使用后，尤其是连作的情况下，也会聚集病菌和虫卵，容易发生病虫害。因此，在大部分基质使用前或在每茬作物收获后，下一次使用前有必要对基质进行消毒，以消灭任何可能存留的病菌和虫卵。基质消毒常用的方法有蒸汽消毒、化学药剂消毒和太阳能消毒。

（一）蒸汽消毒

蒸汽消毒简便易行、安全可靠，但需要专用设备，成本高，操作不便。将基质装入柜（箱）内（容积1～2m^3），通入蒸汽进行密闭消毒。一般在70～90℃温度条件下，消毒0.5～1.0h就能杀死病菌。注意每次消毒的基质不可过多，否则处于内部的基质中的病菌或虫卵不能完全杀灭；消毒时基质的含水量应控制在35%～45%，过湿或过干都可能降低消毒效果。需消毒的基质量大时，可将基质堆成20cm高，长度依地形而定，全部用防水防高温的布盖住，通入蒸汽，灭菌效果良好。

若用蒸汽锅炉供热的温室，可将蒸汽转换装置装在锅炉上，把蒸汽管直接通入每一个种植床，即可为基质消毒。如果表面通过蒸汽无效，可在床的底部装一永久性瓦管或其他有孔的硬质管，使蒸汽通过这种管道进入基质，达到消毒的目的。

（二）化学药剂消毒

化学药剂消毒操作简单，成本较低，但消毒效果不如蒸汽消毒，且对操作人员身体不利。常用的化学药剂有甲醛、高锰酸钾、氯化苦、溴甲烷、威百亩和漂白剂等。

1.40%甲醛水溶液（福尔马林）

甲醛是良好的杀菌剂，但杀虫效果较差。一般将40%的原液稀释50倍，用喷壶将基质均匀喷湿，所需药液量一般为20～40L/m^3基质。最后用塑料薄膜覆盖封闭24～48h后揭膜，将基质摊开，风干2周或暴晒2d后，至基质中无甲醛气味方可使用。要求工作人员戴上口罩，做好防护工作。

2.高锰酸钾

高锰酸钾是强氧化剂，一般用在砾石、粗砂等没有吸附能力且较容易用清水冲洗干净的惰性基质上消毒，而不能用于泥炭、木屑、岩棉、陶粒等有较大吸附能力的活性基质或者难以用清水冲洗干净的基质，因为这些基质会吸附高锰酸钾，会直接毒害作物，或造成植物的锰中毒。基质消毒时，用0.1%～1.0%的高锰酸钾溶液喷洒在固体基质上，并与基质混拌均匀，然后用塑料包埋基质20～30min后用清水冲洗干净即可。

3.氯化苦

氯化苦是液体，需要用喷射器施用。氯化苦熏蒸时的适宜温度为15～20℃。消毒前先把基质堆放至高30cm，长宽根据具体条件而定。在基质上每隔30cm打一个深为10～15cm的孔，每孔注入氯化苦5mL，随即将孔堵住，第一层打孔放药后，再在其上堆同样的基质一层，打孔放药，总共2～3层，或者每立方米基质中施用150mL药液，然后盖上塑料薄膜。熏蒸7～10d后，去掉塑料薄膜，晾7～8d后即可使用。氯化苦能变成气体进入基质中，这种气体可以随水喷洒在基质表面。氯化苦能有效地防治线虫、昆虫、轮枝菌和对其他消毒剂有抗性的真菌。氯化苦对活的植物组织和人有毒害作用，施用时要注意安全。

4.威百亩

它是一种水溶性熏蒸剂，能杀死杂草、大多数真菌和线虫，可以作为喷洒剂通过供液系统喷洒在基质的表面。也可把1L威百亩加入10～15L水中，均匀喷洒在10m^{3}的基质表面。施药后将基质密封，2周后可以使用。

5.漂白剂

漂白剂包括漂白粉或次氯酸钠，尤其适于砾石、砂消毒。施用方法是在水池中制成0.3%～1.0%的药液（有效氯含量），浸泡基质0.5h以上，然后用清水冲洗，以消除残留氯。一般要求不要用于具有较强吸附能力或难以用清水冲洗干净的基质上。

（三）太阳能消毒

蒸汽消毒比较安全但成本较高；药剂消毒成本较低但安全性较差，并且会污染周围环境。太阳能是近年来在温室栽培中应用较普遍的一种廉价、安全、简单实用的基质消毒方法。具体方法是：在夏季高温季节，在温室或大棚中把基质堆成20～25cm高，长宽视具体情况而定，堆放的同时喷湿基质，使其含水量超过80%，然后覆盖塑料薄膜。如果是槽培，可在槽内直接浇水后盖上薄膜即可。密闭温室或大棚，暴晒10～15d，消毒效果好。

二、基质的更换

基质使用一段时间（1～3年）后，各种病菌、作物根系分泌物和烂根大量积累，物理性状变差，特别是有机残体为主体材料的基质，由于微生物的分解作用使得这些有机残体的纤维断裂，从而导致基质通气性下降，保水性过高，这些因素会影响作物生长，因而要更换基质。

基质栽培也提倡轮作，如前茬种植番茄，后茬就不应种茄子等茄科蔬菜，可改种瓜类蔬菜。消毒大多数不能彻底杀灭病菌和虫卵，轮作或更换基质才是更保险的方法。

更换下来的旧基质可经过洗盐、灭菌、离子重新导入、氧化等方法再生处理后重新用于无土栽培，也可施到农田中作为改良土壤之用。难以分解的基质如岩棉、陶粒等可进行填埋处理，防止对环境二次污染。

第四章 营养液的配制与管理

营养液是将含有植物生长发育所必需的各种营养元素的化合物（含少量提高某些营养元素有效性的辅助材料）按适宜的比例溶解于水中配制而成的溶液。无论是何种无土栽培形式，都是主要通过营养液为植物提供养分和水分。无土栽培的成功与否在很大程度上取决于营养液配方和浓度是否合适、营养液管理是否能满足植物不同生长阶段的需求，可以说营养液的配制与管理是无土栽培的基础和关键核心技术。不同的气候条件、作物种类、品种、水质、栽培方式、栽培时期等都对营养液的配制与使用效果有很大的影响。因此，只有深入了解营养液的组成和变化规律及其调控技术才能真正掌握无土栽培的精髓；只有正确、灵活地配制和使用营养液才能保证获得高产、优质、快速的无土栽培效果。

第一节　营养液的原料及其要求

在无土栽培中用于配制营养液的原料是水和含有营养元素的各种盐类化合物及辅助物质。经典或被认为合适的营养液配方必须结合当地水质、气候条件及所栽培的作物品种，对营养液中的营养物质种类、用量和比例做适当调整，才能最大程度发挥营养液的使用效果。因此，只有对营养液的组成成分及要求有清楚的了解才能配制成符合要求的营养液。

一、营养液对水源、水质的要求

（一）水源要求

配制营养液的用水十分重要。在研究营养液新配方及营养元素缺乏症等试验水培时，要使用蒸馏水或去离子水；无土生产上一般使用井水和自来水，河水、泉水、湖水、雨水也可用于营养液配制。但无论采用何种水源，使用前都要经过分析化验以确定水质是否适宜。必要时可经过处理，使之达到符合卫生规范的饮用水的程度，而流经农田的水、未经净化的海水和工业污水均不可用作水源。

雨水含盐量低，用于无土栽培较理想，但常含有铜和锌等微量元素，故配制营养液时可不加或少加微量元素。使用雨水时要考虑到当地的空气污染程度，如污染严重则不能使用。可收集温室屋面上的降水，如月降雨量达到100mm以上，则水培用水可以自给。由于降雨过程中会将空气中或附着在温室表面的尘埃和其他物质带入水中，因此要将收集到的雨水澄清、过滤，必要时可加入沉淀剂或其他消毒剂进行处理，而后遮光保存，以免滋生藻类。一般下雨后10min左右的雨水不要收集，以减少污染。

以自来水作水源，生产成本高，但水质有保障。以井水作水源，要考虑当地的地层结构，并要经过分析化验。无论采用何种水源，最好对水质进行一次分析化验或从当地水利部门获取相关资料，并据此调整营养液配方。

无土栽培生产时要求有充足的水量保障，尤其在夏天不能缺水。如果单一水源水量不足时，可以把自来水和井水、雨水、河水等混合使用，可降低生产成本。

（二）水质要求

水质好坏对无土栽培的影响很大。因此，无土栽培的水质要求比国家生态环境部颁布的《农田灌溉水质标准》（GB 5084—2021）的要求稍高，与符合卫生规范的饮用水相当。无土栽培用水必须检测多种离子含量，测定电导率和酸碱度，作为配制营养液时的参考。

水质要求的主要指标如下。

1. 硬度

用作营养液的水，硬度不能太高，一般以不超过10度为宜。

2. 酸碱度（pH值）

一般要求pH值在5.5～8.5之间。

3. 溶解氧

使用前的溶解氧应接近饱和，即4～5mg/L。

4.NaCl含量

含量＜2mmol/L。不同作物、不同生育期对NaCl含量要求不同。

5. 余氯

主要来自自来水消毒和设施消毒所残存的氯。氯对植物根有害。因此，自来水进入设施系统之前最好放置半天以上，设施消毒后空置半天以便余氯散逸。

6.悬浮物

悬浮物浓度＜10mg/L。河水、水库水要经过澄清之后才可作水源使用。

7.重金属及有毒物质含量

无土栽培的水中重金属及有毒物质含量不能超过国家标准（见表4-1）。

表4-1　无土栽培水中重金属及有毒物质含量标准

名称	标准	名称	标准
汞（Hg）	≤ 0.005mg/L	铜（Cu）	≤ 0.10mg/L
镉（Cd）	≤ 0.01mg/L	铬（Cr）	≤ 0.05mg/L
砷（As）	≤ 0.01mg/L	锌（Zn）	≤ 0.20mg/L
硒（Se）	≤ 0.01mg/L	铁（Fe）	≤ 0.50mg/L
铅（Pb）	≤ 0.05mg/L	氟化物（F^-）	≤ 3.00mg/L
六六六	≤ 0.02mg/L	酚	≤ 1.00mg/L
苯	≤ 2.50mg/L	大肠杆菌	≤ 1000 个 /L
DDT	≤ 0.02mg/L		

另外，从电导率（EC）值及pH值来看，无土栽培用优质水其电导率（EC值）在0.2mS/cm以下，pH 5.5 ～ 6.0，多为饮用水、深井水、天然泉水和雨水；允许用水的EC值为0.2 ～ 0.4mS/cm，pH 5.2 ～ 6.5。

在无土栽培允许用水的水质中，包括部分硬水，要求水中钙含量在90 ～ 100mg/L以上，电导率在0.5mS/cm以下，不允许用水的EC值≥0.5mS/cm。pH≥7.0或pH≤4.5，且含盐量过高的水质，如因水源缺乏必须使用时，必须分析水中各种离子的含量，调整营养液配方和调节pH值使之适于进行无土栽培，如个别元素含量过高则应慎用。

二、营养液对肥料及辅助物质的要求

（一）肥料选用要求

（1）根据栽培目的不同，选择合适的盐类化合物　在无土栽培中，要研究营养液新配方及探索营养元素缺乏症等试验，需用到化学试剂，除要求特别精细的外，一般用到化学纯级即可。在生产中，除了微量元素用化学纯试剂或医药用品外，大量元素的供给多采用农用品，以利于降低成本。如无合格的农业原料可用工业用品代替，但肥料成本会增加。

知识窗

试剂的分类

根据化合物的纯度等级和使用领域，一般将化学工业制造出来的化合物的品质分为四类：一是化学试剂类，又细分为三级，即优级纯试剂［GR（guaranteed reagent），又称一级试剂］、分析纯试剂［AR（analytic reagent），又称二级试剂］、化学纯试剂［CP（chemical pure），又称三级试剂］；二是医药用化合物；三是工业用化合物；四是农业用化合物。化学试剂类纯度最高，农业用的化合物纯度最低，价格也最便宜。

（2）肥料种类适宜　对提供同一种营养元素的不同化合物的

选择要以最大限度适合组配营养液的需要为原则，例如选用硝酸钙作氮源就比用硝酸钾多一个硝酸根离子。一种化合物提供的营养元素的相对比例必须与营养液配方中需要的数量进行比较后选用。

（3）根据作物的特殊需要来选择肥料　铵态氮（NH_4^+）和硝态氮（NO_3^-）都是作物生长发育的良好氮源。铵态氮在植物光合作用快的夏季或植物缺氮时使用较好，而硝态氮在任何条件下均可使用。如果不考虑植物体中对人体硝态氮的积累问题，单纯从栽培效果来讲，两种氮源具有相同的营养价值，但有研究表明，无土栽培生产中施用硝态氮的效果远远大于铵态氮。现在世界上绝大多数营养液配方都使用硝酸盐作主要氮源。其原因是硝酸盐所造成的生理碱性比较弱而缓慢，且植物本身有一定的抵抗能力，人工控制比较容易；而铵盐所造成的生理酸性比较强而迅速，植物本身很难抵抗，人工控制十分困难。所以，在组配营养液时两种氮源肥料都可以用，但以使用安全的硝态氮源为主，并且保持适当的比例。

（4）选用溶解度大的肥料　如硝酸钙的溶解度大于硫酸钙，易溶于水，使用效果好，故在配制营养液需要的钙时一般都选用硝酸钙。硫酸钙虽然价格便宜，但因它难溶于水，故一般很少用。

（5）肥料的纯度要高，适当采用工业品　因为劣质肥料中含有大量惰性物质，用作配制营养液时会产生沉淀，堵塞供液管道，妨碍根系吸收养分。营养液配方中标出的用量是以纯品表示的，在配制营养液时要按各种化合物原料标明的百分纯度来折算出原料的用量。原料中本物以外的营养元素都作为杂质被处理。但要注意这类杂质的量是否达到干扰营养液平衡的程度。在考虑成本的前提下可适当采用工业品。

（6）肥料中不含有毒或有害成分。

（7）肥料取材方便，价格便宜。

（二）无土栽培常用的肥料

1.氮源

主要有硝态氮和铵态氮两种。蔬菜为喜硝态氮作物，硝态氮多时不会产生毒害，而铵态氮多时会使生长受阻形成毒害。两种氮源以适当比例同时使用，比单用硝态氮好，且能稳定酸碱度。常用氮源肥料有硝酸钙、硝酸钾、磷酸二氢铵、硫酸铵、氯化铵、硝酸铵等。

2.磷源

常用的磷肥有磷酸二氢铵、磷酸二铵、磷酸二氢钾、过磷酸钙等。磷过多会导致铁和镁的缺乏症。

3.钾肥

常用的钾肥有硝酸钾、硫酸钾、氯化钾以及磷酸二氢钾等。植物对钾的吸收快，要不断补给，但钾离子过多会影响植物对钙、镁和锰的吸收。

4.钙源

钙源肥料一般使用硝酸钙，氯化钙和过磷酸钙也可适当使用。钙在植物体内的移动比较困难，无土栽培时常会发生缺钙症状，应特别注意调整。

5.硫源和微量元素源

营养液中使用镁、锌、铜、铁等硫酸盐，可同时解决硫和微量元素的供应问题。

6.铁源

pH值偏高，钾的不足以及过量地存在磷、铜、锌、锰等情况，都会引起缺铁症。为解决铁的供应，一般都使用螯合铁。营养液中以螯合铁（有机化合物）作铁源，效果明显强于无机铁盐和有机酸铁。常用的螯合铁有乙二胺四乙酸一钠铁（NaFe-EDTA）和乙二胺四乙酸二钠铁（Na_2Fe-EDTA）。螯合铁的用量一般按铁元素重量计，每升营养液用3～5mg。

7.硼肥和钼肥

多用硼酸、硼砂和钼酸钠、钼酸钾。

（三）辅助物质

营养液配制中常用的辅助物质是螯合剂，它与某些金属离子结合可形成螯合物。无土栽培上用的螯合物加入营养液中，应具有以下特性：

① 不易被其他多价阳离子所置换和沉淀，又必须能被植物的根表所吸收和在体内运输与转移；

② 易溶于水，又必须具抗水解的稳定性；

③ 治疗缺素症的浓度以不损伤植物为宜。目前无土栽培中常用的是铁与络合剂形成的螯合物，以解决营养液中铁源的沉淀或氧化失效的问题。

第二节　营养液的组成

营养液的组成直接影响植物对养分的吸收和生长，涉及栽培成本。根据植物种类、水源、肥源和气候条件等具体情况，有针对性地确定和调整营养液的组成成分，能更好发挥营养液的使用功效。

一、营养液的组成原则

1.营养元素齐全

现已明确高等植物必需的营养元素有16种，其中碳、氢、氧由空气和水提供，其余13种元素由根部从根际环境中吸收。因此，所配制的营养液要含有这13种营养元素。因为在水源、固体基质或肥料中已含有植物所需的某些微量元素的数量，因此配制营养液时不需另外加入。

2.营养元素可以被植物吸收

即配制营养液的肥料在水中要有良好的溶解性，呈离子态，并能有效地被作物吸收利用。通常都是无机盐类，也有一些有机螯合物。某些基质培营养液也选用一些其他的有机化合物，例如用酰胺态氮-尿素作为氮素组成。不能被植物直接吸收利用的有机肥不宜作为营养液的肥源。

3.营养元素均衡

营养液中各营养元素的数量比例应是符合植物生长发育要求的、生理均衡的，可保证各种营养元素有效性充分发挥和植物吸收的平衡。在确定营养液组成时，一般在保证植物必需营养元素品种齐全的前提下，所用肥料种类尽可能地少，以防止化合物带入植物不需要和引起过剩的离子或其他有害杂质（见表4-2）。

表4-2 营养液中各元素浓度范围

元素	浓度单位 /（mg/L）			浓度单位 /（mmol/L）		
	最低	适中	最高	最低	适中	最高
硝态氮（NO_3^-–N）	56	224	350	4	16	25
铵态氮（NH_4^+–N）	—	—	56	—	—	4
磷（P）	20	40	120	0.7	1.4	4
钾（K）	78	312	585	2	8	15
钙（Ca）	60	160	720	1.5	4	18
镁（Mg）	12	48	96	0.5	2	4
硫（S）	16	64	1440	0.5	2	45
钠（Na）	—	—	230	—	—	10
氯（Cl）	—	—	350	—	—	10
铁（Fe）	2	—	10	—	—	—
锰（Mn）	0.5	—	5	—	—	—
硼（B）	0.5	—	5	—	—	—
锌（Zn）	0.5	—	1	—	—	—
铜（Cu）	0.1	—	0.5	—	—	—
钼（Mo）	0.001	—	0.002	—	—	—

4. 总盐度适宜

营养液中总浓度（盐分浓度）应适宜植物正常生长要求。

5. 营养元素有效期长

营养液中的各种营养元素在栽培过程中应长时间地保持其有效态。其有效性不因营养空气的氧化、根的吸收以及离子间的相互作用而在短时间内降低。

6.酸碱度适宜

营养液的酸碱度及其总体表现出来的生理酸碱反应应是较为平稳的，且适宜植物正常生长要求。

二、营养液组成的确定方法

营养液配方，是作物能在营养液中正常生长发育、有较高产量的情况下，对植株进行营养分析，了解各种大量元素和微量元素的吸收量，据此利用不同元素的总离子浓度及离子间的不同比率而配制的。同时又根据作物栽培的结果，再对营养液的组成进行修正和完善。

（一）确定营养液组成的理论依据

由于科学家使用方法的不同，因而提出的营养液组成的理论也不同。目前，世界上主要有三派配方理论，即日本园艺试验场提出的园试标准配方、山崎配方和斯泰纳配方。

（1）园试标准配方　是日本园艺试验场经过多年的研究而提出的，其是从分析植株对不同元素的吸收量来决定营养液配方的组成。

（2）山崎配方　是日本植物生理学家山崎肯哉以园试标准配方为基础，以果菜类为材料研究提出的。他根据作物吸收元素量与吸水量之比，即表观吸收成分组成浓度（n/w值）来决定营养液配方的组成。

（3）斯泰纳配方　是荷兰科学家斯泰纳依据作物对离子的吸收具有选择性而提出的。斯泰纳营养液是以阳离子（Ca^{2+}、Mg^{2+}、

K^+）之物质的量和与相近的阴离子（NO_3^-、PO_4^{3-}、SO_4^{2-}）之物质的量和相等为前提，而各阳、阴离子之间的比值则是根据植株分析得出的结果而制定的。根据斯泰纳试验结果，阳离子之比值为K^+ ：Ca^{2+} ：Mg^{2+}=45 ：35 ：20，阴离子比值为NO_3^- ：PO_4^{3-} ：SO_4^{2-}=60 ：5 ：35时为最恰当。

（二）营养液的总盐度的确定

首先，根据不同作物种类、不同品种、不同生育时期在不同气候条件下对营养液含盐量的要求来大体确定营养液的总盐分浓度。一般情况，营养液的总盐分浓度控制在0.4% ～ 0.5%，对大多数作物来说都可以较正常地生长；当营养液的总盐分浓度超过0.5%以上，很多蔬菜、花卉植物就会表现出不同程度的盐害。不同作物对营养液总盐分浓度的要求差异较大，例如番茄、甘蓝、康乃馨对营养液的总盐分浓度要求为0.2% ～ 0.3%，荠菜、草莓、郁金香对营养液的总盐分浓度要求为0.15% ～ 0.2%，显然前者比后者较耐盐。因此，在确定营养液的盐分总浓度时要考虑到植物的耐盐程度。营养液总盐分浓度范围见表4-3，仅供参考。

表4-3　营养液总盐分浓度范围

浓度表示方法	范围		
	最低	适中	最高
渗透压 /Pa	0.3×10^5	0.9×10^5	1.5×10^5
正负离子合计数（在 20℃时的理论值）/（mmol/L）	12	37	62
电导率 /（mS/cm）	0.83	2.5	4.2
总盐分含量 /（g/L）	0.83	2.5	4.2

（三）营养液中各种营养元素的用量和比例的确定

主要根据植物的生理平衡和营养元素的化学平衡来确定各种营养元素的适宜用量和比例。

1.生理平衡

能够满足植物按其生长发育要求吸收到一切所需的营养元素，又不会影响到其正常生长发育的营养液，是生理平衡的营养液。影响营养液平衡的因素主要是营养元素间的协助作用或拮抗作用（见图4-1）。目前世界上流行的原则是分析正常生长的植物体中各种营养元素的含量来确定其比例。

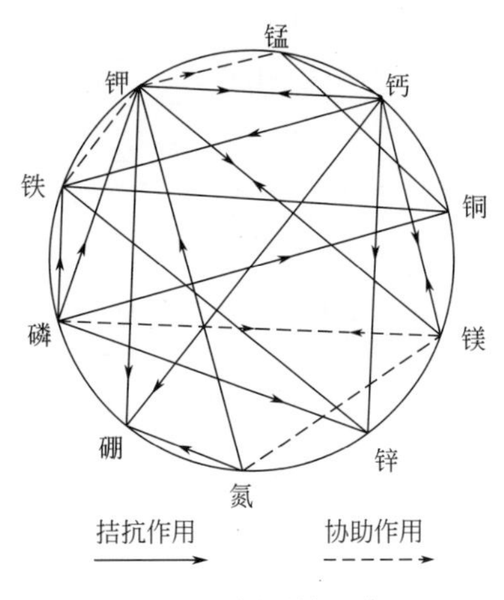

图4-1　元素间的相互作用

根据植物体分析结果设计生理平衡配方步骤为：

第一步，对正常生长的植物先进行化学分析，确定每株植物一生中吸收各种营养元素的数量。

第二步，将以g/株表示的各种元素的吸收量转化成以mmol/L表示，以便设计过程中的计算。

第三步，确定营养液的适宜的总浓度（例如总浓度确定为37mmol/L），然后按比例计算出各种营养元素在总浓度内占有的份额（mmol/L）。

第四步，选择适宜的肥料盐类，按各营养元素应占的物质的量选配肥料的用量。含某种营养元素的肥料一般有多种化合物形态，选择哪一种要经研究和比较试验决定。

微量元素的用量和比例如表4-4所列，可以直接引用。

表4-4 营养液微量营养元素用量（各配方通用）

化合物名称	营养液含化合物 /（mg/L）	营养液含元素 /（mg/L）
NaFe-EDTA（含 Fe 14.0%）	20 ～ 40①	2.8 ～ 5.6
H_3BO_3	2.86	0.5
$MnSO_4 \cdot 4H_2O$	2.13	0.5
$ZnSO_4 \cdot 7H_2O$	0.22	0.05
$CuSO_4 \cdot 5H_2O$	0.08	0.02
$(NH_4)_6Mo_7O_{24} \cdot 4H_2O$	0.02	0.01

① 易缺Fe的植物选用高用量。

第五步，可将以mmol表示的剂量转化为用g表示的剂量，以方便营养液配制。

2.化学平衡

化学平衡是指营养液配方中的几种化合物，当其离子浓度高到一定程度时，是否会相互作用而形成难溶性的化合物沉淀，从而使营养液中某些营养元素的有效性降低，以致影响营养液中这些营养元素之间的平衡。营养液是否会形成沉淀根据“溶度积法则”就可推断出来。

三、营养液配方

在规定体积的营养液中，规定含有各种必需营养元素的盐类数量称为营养液配方。配方中列出的规定用量，称为这个配方的一个剂量（见表4-5）。如果使用时将各种盐类的规定用量都只使用其1/2，则称为用某配方的半剂量或1/2剂量，其余类推。

表4-5　营养液配方实例

化合物名称		霍格兰配方（Hoagland & Arnon，1938）					日本园试配方（堀，1966）				
		化合物用量		元素含量/（mg/L）		大量元素总计/（mg/L）	化合物用量		元素含量/（mg/L）		大量元素总计/（mg/L）
		mg/L	mmol/L				mg/L	mmol/L			
大量元素	$Ca(NO_3)_2 \cdot 4H_2O$	945	4	N112	Ca160	N210 P31 K234 Ca160 Mg48 S64	945	4	N112	Ca160	N243 P41 K312 Ca160 Mg48 S64
	KNO_3	607	6	N84	K234		809	8	N112	K312	
	$NH_4H_2PO_4$	115	1	N14	P31		153	4/3	N18.7	P41	
	$MgSO_4 \cdot 7H_2O$	493	2	Mg48	S64		493	2	Mg48	S64	
微量元素	0.5%$FeSO_4$、0.4%$H_2C_4H_4O_6$ 溶液	0.6mL×3/周		Fe3.3/周							
	Na_2Fe-EDTA						20		Fe2.8		
	H_3BO_3	2.86		B0.5			2.86		B0.5		
	$MnSO_4 \cdot 4H_2O$						2.13		Mn0.5		
	$MnCl_2 \cdot 4H_2O$	1.81		Mn0.5							
	$ZnSO_4 \cdot 7H_2O$	0.22		Zn0.05			0.22		Zn0.05		
	$CuSO_4 \cdot 5H_2O$	0.08		Cu0.02			0.08		Cu0.02		
	$(NH_4)_6Mo_7O_{24} \cdot 4H_2O$	0.02		Mo0.01			0.02		Mo0.01		

现在世界上已发表了无数的营养液配方。营养液配方根据应用对象不同，分为叶菜类和果菜类营养液配方；根据配方的使用范围分为通用性（如霍格兰配方、园试配方）和专用性营养液配方；根据营养液盐分浓度的高低分为总盐度较高和总盐度较低的营养液配方。

四、营养液的种类

营养液的种类有原液、浓缩液、稀释液、栽培液或工作液几种提法。

1.原液

是指按配方配成的一种剂量标准液。

2.浓缩液

又称浓缩储备液、母液，是为了储存和方便使用而把原液浓缩数倍的营养液。浓缩倍数是根据营养液配方规定的用量、各盐类在水中的溶解度及储存需要配制的，以不致过饱和而析出为准。其倍数以配成整数值为好，方便操作。

3.稀释液

是将浓缩液按各种作物生长需要加水稀释后的营养液。一般稀释液是指稀释到原液的浓度，如浓缩100倍的浓缩液，再稀释100倍又回到原液，如果只稀释50倍时浓度比原液大50%。有时是根据作物种类、生育期所需要的浓度稀释的稀释液，所以稀释液不能认为就是原液。

4.栽培液或工作液

是指直接为作物提供营养的人工营养液，一般由浓缩液稀释而成。可以说稀释液就是栽培液，因为稀释的目的就是为了栽培。

五、营养液浓度的表示方法

营养液浓度的表示方法很多，常用一定体积的溶液中含有多少数量的溶质来表示其浓度。

1.化合物重量每升（g/L或mg/L）

即每升溶液中含有某化合物的质量，质量单位可以用g或mg表示。例如，KNO_3-0.81g/L是指每升营养液中含有0.81g的硝酸钾。这种表示法通常称为工作浓度或操作浓度。就是说具体配制营养液时是按照这种单位来进行操作的。

2.元素重量每升（mg/L）

即每升溶液含有某营养元素的质量，质量单位通常用mg表示。例如，N-210mg/L是指每升营养液中含有氮元素210mg。用元素重量表示浓度是科研比较上的需要。但这种用元素重量表示浓度的方法不能用来直接进行操作，实际上不可能称取多少毫克的氮元素放进溶液中，只能换算为一种实际的化合物重量才能操作。换算方法为：用要转换成的化合物含该元素的百分数去除该元素的重量。例如，NH_4NO_3含N为35%，要将氮素175mg转换成NH_4NO_3，则175mg/0.35=500mg，即175mg N相当于500mg的NH_4NO_3。

3.摩尔每升（mol/L）

即每升溶液含有某物质的物质的量。某物质可以是元素、分子或离子。由于营养液的浓度都是很稀的，因此常用mmol/L表示浓度。

4.渗透压

渗透压表示在溶液中溶解的物质因分子运动而产生的压力。单位是Pa。可以看出溶解的物质越多，分子运动产生的压力越大。营养液适宜的渗透压因植物而异，根据斯泰纳的试验，当营养液的渗透压为507～1621hPa时，对生菜的水培生产无影响；营养液的渗透压在202～1115hPa时，对番茄的水培生产无影响。渗透压与电导率一样，只用以间接表示营养液的总浓度。无土栽培的营养液的渗透压可用理论公式计算：

$$P=C\times 0.0224\times(273+t)/273$$

式中，P为溶液的渗透压，atm（1atm=101325Pa）；C为溶液的浓度，以溶液中所有的正负离子的总浓度表示，mmol/L；t为使用时溶液的温度，℃；0.0224为范特行甫常数；273为绝对温度。

5.电导率（EC）

电导率，又称电导度，代表营养液的总浓度。常用单位为mS/cm，一般简化为mS。在一定浓度范围内，溶液的含盐量与电导率成正比，含盐量越高，电导率越大，渗透压也越大。所以电导率能间接反映营养液的总含盐量，从而可用电导率值表示营养液的总盐浓度，但电导率不能反映营养液中某一无机盐类的单独浓度。

电导率值用电导率仪测定。其和营养液浓度（g/L）有关系，可通过以下方法求得。在无土栽培生产中为了方便营养液的管理，应根据所选用的营养液配方（这里选用日本园试配方为例），以该配方的1个剂量（配方规定的标准用盐量）为基础浓度S，然后以一定的浓度梯度差（如每相距0.1个或0.2个剂量）来配制一系列浓度梯度差的营养液，并用电导率仪测定每一个级差浓度的电导率值（见表4-6）。

表4-6　日本园试配方各浓度梯度差的营养液电导率值

溶液浓度梯度（*S*）	其大量元素化合物总含量 /（g/L）	测得的电导率（EC）/（mS/cm）
2.0	4.80	4.465
1.8	4.32	4.030
1.6	3.84	3.685
1.4	3.36	3.275
1.2	2.88	2.865
1.0	2.40	2.435
0.8	1.92	2.000
0.6	1.44	1.575
0.4	0.96	1.105
0.2	0.48	0.628

由于营养液浓度（*S*）与电导率（EC）之间存在着正相关的关系，这种正相关的关系可用线性回归方程来表示：

$$\mathrm{EC}=a+bS \text{（}a\text{、}b\text{ 为直线回归系数）}$$

从表4-6中的数据可以计算出电导率与营养液浓度之间的线性回归方程为：

$$\mathrm{EC}=0.279+2.12S\cdots\cdots\text{（相关系数 }r=0.9994\text{）} \qquad (4\text{-}1)$$

通过实际测定得到某个营养液配方的电导率与浓度之间的线性回归方程之后，就可在作物生长过程中测定出营养液的电导率，并利用此回归方程来计算出营养液的浓度，依此判断营养液浓度的高低来决定是否需要补充养分。例如，栽培上确定用日本园试配方的1个剂量浓度的营养液种植番茄，管理上规定营养液的浓度降至0.3个剂量时即要补充养分恢复其浓度至1个剂量。当营养液被作物吸收以后，其浓度已成为未知数，今测得其电导率（EC）为0.72mS/cm，代入式（4-1）得：S=0.21，＜0.3，表明营养液浓度已低于规定的限度，需要补充养分。

营养液浓度与电导率之间的回归方程，必须根据具体营养液配方和地区测定予以配置专用的线性回归关系。因为不同的配方所用的盐类形态不尽相同，各地区的自来水含有的杂质有异，这些都会使溶液的电导率随之变化。因此，各地要根据选定配方和当地水质的情况，实际配制不同浓度梯度水平的营养液来测定其电导率值，以建立能够真实反映情况，较为准确的营养液浓度和电导率之间的线性回归方程。

电导率与渗透压之间的关系，可用经验公式：P(Pa)=$0.36\times10^5\times$EC(mS/cm)来表达。换算系数0.36×10^5不是一个严格的理论值，它是由多次测定不同盐类溶液的渗透压与电导率得到许多比值的平均数，因此，它是近似值。但对一般估计溶液的渗透压或电导率还是可用的。

电导率与总含盐量的关系，可用经验公式：营养液的总盐分(g/L)=1.0×EC(mS/cm)来表达。换算系数1.0的来源和渗透压与电导率之间的换算系数来源相同。

第三节　营养液的配制技术

无土栽培的第一步就是正确配制营养液，这是无土栽培的关键技术环节。如果配制方法不正确，某些营养元素会因沉淀而失效，或影响植物吸收，甚至导致植物死亡。

一、营养液的配制原则

营养液配制总的原则是确保在配制后和使用营养液时都不会产生难溶性化合物的沉淀。每一种营养液配方都潜伏着产生难溶性物质沉淀的可能性，这与营养液的组成是分不开的。营养液是否会产生沉淀主要取决于浓度。几乎任何化学平衡的配方在高浓度时都会产生沉淀。如Ca^{2+}与SO_4^{2-}相互作用产生$CaSO_4$沉淀；Ca^{2+}与磷酸根（PO_4^{3-}或HPO_4^{2-}）产生$Ca_3(PO_4)_2$或$CaHPO_4$沉淀；Fe^{3+}与PO_4^{3-}产生$FePO_4$沉淀，以及Ca^{2+}、Mg^{2+}与OH^-产生$Ca(OH)_2$和$Mg(OH)_2$沉淀。实践中运用难溶性物质溶度积法则作指导，采取以下两种方法可避免营养液中产生沉淀：一是对容易产生沉淀的盐类化合物实施分别配制，分罐保存，使用前再稀释、混合；二是向营养液中加酸，降低pH值，使用前再加碱调整。

二、营养液配制前的准备工作

1.选用和调整营养液配方

根据植物种类、生育期、当地水质、气候条件、肥料纯度、栽培方式以及成本大小，正确选用和调整营养液配方。

这是因为不同地区间水质和肥料纯度等存在着差异，会直接影响营养液的组成；栽培作物的品种和生育期不同，要求营养元素比例不同，特别是N、P、K三要素比例；栽培方式，特别是基质栽培时，基质的吸附性和本身的营养成分都会改变营养液的组成。不同营养液配方的使用还涉及栽培成本问题。因此，配制前要正确、灵活调整所选用的营养液配方，在证明其确实可行之后再大面积应用。

2.选好适当的肥料（无机盐类）

所选肥料既要考虑肥料中可供使用的营养元素的浓度和比例，又要注意选择溶解度高、纯度高、杂质少、价格低的肥料。

3.阅读有关资料

在配制营养液之前，先仔细阅读有关肥料或化学品的说明书或包装说明，注意盐类的分子式、含有的结晶水、纯度等。

4.选择水源并进行水质化验

作为配制营养液时的参考。

5.准备好储液罐及其他必要物件

营养液一般配成浓缩100 ～ 1000倍的母液备用。每一配方要2 ～ 3个母液罐。母液罐的容积以25L或50L为宜，以深色不透光的为好。

三、营养液配制方法

营养液的配制方法有浓缩液（也称母液）配制方法和工作液（也称栽培液）配制方法两种。生产上一般用浓缩储备液稀释成工作液，方便配制，如果营养液用量少时也可以直接配制工作液。

（一）浓缩液的配制

浓缩液的配制程序是：计算－称量－肥料溶解－分装－保存。

1.计算

按照要配制的浓缩液的体积和浓缩倍数计算出配方中各种化合物的用量。计算时注意以下几点。

① 无土栽培肥料多为工业用品和农用品，常有吸湿水和其他杂质，纯度较低，应按实际纯度对用量进行修正。

② 硬水地区应扣除水中所含的Ca^{2+}、Mg^{2+}。例如，配方中的Ca^{2+}、Mg^{2+}分别由$Ca(NO_3)_2 \cdot 4H_2O$和$MgSO_4 \cdot 7H_2O$来提供，实际的$Ca(NO_3)_2 \cdot 4H_2O$和$MgSO_4 \cdot 7H_2O$的用量是配方量减去水中所含的Ca^{2+}、Mg^{2+}量。但扣除Ca^{2+}后的$Ca(NO_3)_2 \cdot 4H_2O$中氮用量减少了，这部分减少了的氮可用硝酸（HNO_3）来补充，加入的硝酸不仅起到补充氮源的作用，而且可以中和硬水的碱性。加入硝酸后仍未能够使水中的pH值降低至理想的水平时，可适当减少磷酸盐的用量，而用磷酸来中和硬水的碱性。如果营养液偏酸，可增加硝酸钾用量，以补充硝态氮，并相应地减少硫酸钾用量。扣除营养中镁的用量，$MgSO_4 \cdot 7H_2O$实际用量减少，也相应地减少了硫酸根（SO_4^{2-}）的用量，但由于硬水中本身就含有大量的硫酸根，所以一般不需要另外补充，如果有必要，可加入少量硫酸（H_2SO_4）来补充。在硬水地区硝酸钙用量少，磷和氮的不足部分由硝酸和磷酸供给。

2.称量

分别称取各种肥料，置于干净容器或塑料薄膜袋中，或平摊于地面的塑料薄膜上，以免损失。在称取各种盐类肥料时，注意稳、准、快，称量应精确到±0.1以内。

3.肥料溶解

将称好的各种肥料摆放整齐，最后一次核对无误后再分别溶解，也可将彼此不产生沉淀的化合物混合一起溶解。注意：溶解要彻底，边加边搅拌，直至盐类完全溶解。

4.分装

浓缩液分别配成A、B、C三种浓缩液，分别用3个储液罐盛装。

A罐：以钙盐为中心，凡不与钙盐产生沉淀的化合物均可放在一起溶解。

B罐：以磷酸盐为中心，凡不与磷酸盐产生沉淀的化合物或放在一起溶解。

C罐：预先配制螯合铁溶液，然后将C液所需的称量后的其他各种化合物分别在小塑料容器中溶解，再分别缓慢倒入螯合铁溶液中，边加边搅拌。

A、B、C浓缩液均按浓缩倍数的要求加清水至需配制的体积，搅拌均匀后即可。浓缩液的浓缩倍数，要根据营养液配方规定的用量和各盐类的溶解度来确定，以不致过饱和而析出为准。其浓缩倍数以配成整数值为好，方便操作。一般比植物能直接吸收的均衡营养液高出100～200倍，微量元素浓缩液可浓缩至1000倍。

5.保存

浓缩液存放时间较长时，应将其酸化，以防沉淀的产生。一般可用HNO_3酸化至pH值为3～4，并存放于塑料容器中，阴凉避光处保存。

（二）工作液的配制

1.浓缩液稀释

浓缩液稀释的步骤如下。

第一步：计算好各种浓缩液需要移取的液量，并根据配方要求调整水的pH值。

第二步：在储液池或其他盛装栽培液的容器内注入所配制营养液体积的50%～70%的水量。

第三步：量取A母液倒入其中，开动水泵循环流动30min或搅拌使其扩散均匀。

第四步：量取B母液慢慢注入储液池的清水入口处，让水源冲稀B母液后带入储液池中参与流动扩散，此过程加入的水量以达到总液量的80%为度。

第五步：量取C母液随水冲稀带入储液池中参与流动扩散。加足水量后，循环流动30min或搅拌均匀。

第六步：用酸度计和电导率仪分别检测营养液的pH值和EC值，如果测定结果不符合配方和作物要求，应及时调整。pH值可用稀酸溶液如硫酸、硝酸或稀碱溶液如氢氧化钾、氢氧化钠调整。调整完毕的营养液，在使用前先静置一段时间，然后在种植床上循环5～10min，再测试一次pH值，直至与要求相符。

第七步：做好营养液配制的详细记录，以备查验。

2.直接配制

第一步：按配方和欲配制的营养液体积计算所需各种肥料用量，并调整水的pH值。

第二步：配制C母液。

第三步：向储液池或其他盛装容器中注入50%～70%的水量。

第四步：称取相当于A母液的各种化合物，在容器中溶解后倒入储液池中，开启水泵循环流动30min。

第五步：称取相当于B母液的各种化合物，在容器中溶解，并用大量清水稀释后，让水源冲稀B母液带入储液池中，开启水泵循环流动30min，此过程所加的水以达到总液量的80%为宜。

第六步：量取C母液并稀释后，在储液池的水源入口处缓慢倒入，开启水泵循环流动至营养液均匀为止。

第七步：同浓缩液稀释法。

在荷兰、日本等国家，现代化温室中进行大规模无土栽培生产时，一般采用A、B两母液罐，A罐中主要含硝酸钙、硝酸钾、硝酸铵和螯合铁，B罐中主要含硫酸钾、硝酸钾、磷酸二氢钾、硫酸镁、硫酸锰、硫酸铜、硫酸锌、硼砂和钼酸钠，通常制成100倍的母液。为了防止母液罐出现沉淀，有时还配备酸液罐以调节母液酸度。整个系统由计算机控制调节，稀释、混合形成工作液。

在工作液的配制过程中，要防止由于加入母液速度过快造成局部浓度过高而出现大量沉淀。如果开启水泵循环较长时间之后仍不能使这些沉淀溶解，则应重新配制营养液。

四、营养液配制的操作规程

为了保证营养液配制过程中不出差错，需要建立一套严格的操作规程。内容应包括：

① 仔细阅读肥料或化学品说明书，注意分子式、含量、纯度等指标，检查原料名称是否相符，准备好盛装储备液的容器，贴上不同颜色的标识。

② 原料的计算过程和最后结果要经过3名工作人员3次核对，确保准确无误。

③ 各种原料分别称好后，一起放到配制场地规定的位置上，最后核查无遗漏才动手配制。切勿在用料及配制用具未到齐的情况下匆忙动手操作。

④ 原料加水溶解时，有些试剂溶解太慢，可以加热；有些试

剂如硝酸铵，不能用铁质的器具敲击或铲，只能用木、竹或塑料器具取用。

⑤ 建立严格的记录档案，以备查验。记录表格（见表4-7、表4-8）。

表4-7　浓缩液配制记录表

<table>
<tr><td colspan="2">配方名称</td><td></td><td>使用对象</td><td></td></tr>
<tr><td rowspan="2">A 母液</td><td>浓缩倍数</td><td></td><td>配制日期</td><td></td></tr>
<tr><td>体积</td><td></td><td>计算人</td><td></td></tr>
<tr><td rowspan="2">B 母液</td><td>浓缩倍数</td><td></td><td>审核人</td><td></td></tr>
<tr><td>体积</td><td></td><td>配制人</td><td></td></tr>
<tr><td rowspan="2">C 母液</td><td>浓缩倍数</td><td></td><td rowspan="2">备注</td><td rowspan="2"></td></tr>
<tr><td>体积</td><td></td></tr>
<tr><td colspan="2">原料名称
及称取量</td><td colspan="3"></td></tr>
</table>

表4-8　工作液配制记录表

<table>
<tr><td>配方名称</td><td></td><td>使用对象</td><td></td><td>备注</td></tr>
<tr><td>营养液体积</td><td></td><td>配制日期</td><td></td><td rowspan="6"></td></tr>
<tr><td>计算人</td><td></td><td>审核人</td><td></td></tr>
<tr><td>配制人</td><td></td><td>水 pH 值</td><td></td></tr>
<tr><td>EC 值</td><td></td><td>营养液 pH 值</td><td></td></tr>
<tr><td>原料名称
及称（移）取量</td><td colspan="3"></td></tr>
</table>

第四节　营养液的管理

营养液的管理主要指循环供液系统中营养液的管理，非循环使用的营养液不回收使用，管理方法较为简单，将在以后章节中叙述。营养液的管理是无土栽培的关键技术，尤其在自动化、标准化程度较低的情况下，营养液的管理更重要。如果管理不当，则直接关系营养液的使用效果，进而影响植物生长发育的质量。

一、营养液中溶存氧的调整

无土栽培尤其是水培，氧气供应是否充分和及时往往成为测定植物能否正常生长的限制因素。生长在营养液中的根系，其呼吸所需的氧，主要依靠根系对营养液中溶解氧的吸收。若营养液的溶解氧含量低于正常水平，就会影响根系呼吸和吸收营养，植物就表现出各种异常，甚至死亡（见表4-9）。

表4-9　温度与营养液中溶解氧的吸收

温度 /℃	溶解氧 /（mg/L）	温度 /℃	溶解氧 /（mg/L）
0	14.62	8	11.87
1	14.23	9	11.59
2	13.84	10	11.33
3	13.48	11	11.08
4	13.13	12	10.83
5	12.80	13	10.60
6	12.48	14	10.37
7	12.17	15	10.15

续表

温度/℃	溶解氧/（mg/L）	温度/℃	溶解氧/（mg/L）
16	9.95	29	7.77
17	9.74	30	7.63
18	9.54	31	7.5
19	9.35	32	7.4
20	9.17	33	7.3
21	8.99	34	7.2
22	8.83	35	7.1
23	8.68	36	7.0
24	8.53	37	6.9
25	8.38	38	6.8
26	8.22	39	6.7
27	8.07	40	6.6
28	7.92		

（一）水培对营养液溶存氧浓度的要求

在水培营养液中，溶存氧的浓度一般要求保持在饱和溶解度50%以上，相当于在适合多数植物生长的液温范围（15～18℃）内，有4～5mg/L的含氧量。这种要求是对栽培不耐淹浸的植物而言的。对耐淹浸的植物（即体内可以形成氧气输导组织的植物）这个要求可以降低。

（二）影响营养液氧气含量的因素

营养液中溶存氧的多少，一方面与温度和大气压力有关，温度越高、大气压力越小，营养液的溶存氧含量就越低；反之，温度越低，大气压力越大，其溶存氧的含量就越高。另一方面与植物根和微生物的呼吸有关，温度越高，呼吸消耗营养液中的溶存氧越多，这就是在夏季高温季节水培植物根系容易缺氧的原因。例如，30℃下溶液中饱和溶解氧含量为7.63mg/L，植物根的呼吸耗氧量是0.2 ～ 0.3mg/（h•g），如每升营养液中长有10g根，则在不补给氧的情况下，营养液中的氧2 ～ 3h就消耗完了。

（三）增氧措施

1.溶存氧的消耗速度

主要取决于植物种类、生育阶段及单株占有营养液量。一般瓜类、茄果类作物的耗氧量较大，叶菜类的耗氧量较小。植物处于生长茂盛阶段、占有营养液量少的情况下，溶存氧的消耗速度快；反之则慢。日本山崎肯哉资料：夏种网纹甜瓜白天每株每小时耗氧量，始花期为12.6mg/（株・h）；结果网纹期为40mg/（株・h）。若设每株用营养液15L，在25℃时饱和含氧量为8.38×15=125.7mg，则在始花期经6h后可将含氧量消耗到饱和溶氧量的50%以下；在结果网纹期只经2h即可将含氧量降到饱和溶氧量的50%以下。

2.增氧措施

溶存氧的补充来源，一是从空气中自然向溶液中扩散；二是人工增氧。自然扩散的速度较慢，增量少，只适宜苗期使用，水培及多数基质培中都采用人工增氧的方法。

人工增氧措施主要是利用机械和物理的方法来增加营养液与空气的接触机会，增加氧在营养液中的扩散能力，从而提高营养液中氧气的含量。具体的加氧方法有落差、喷雾、搅拌、压缩空气、循环流动、间歇供液、滴灌供液、夏季降低液温、降低营养液浓度、使用增氧器和化学增氧剂等。多种增氧方法结合使用，增氧效果更明显。

营养液循环流动有利于带入大量氧气，此法效果很好，是生产上普遍采用的办法。循环时落差大、溅泼面较分散、增加一定压力形成射流等都有利于增大补氧效果。从日本板木利隆资料（见表4-10）中得知，停止流动8h，营养液的含氧量从饱和溶解度的70%降至54%，降了16个百分点，即每小时降2个百分点。设每株黄瓜占营养液28L（板木资料平均值）。则每株每小时耗氧量为：5.03mg+5.03mg（自然扩散值）=10.06mg/（株·h）。恢复流动8h，含氧量从饱和溶解度的2%上升至73%，即每小时上升8.9个百分点。说明这种流速（在1400L液量中每分钟进入23L，占总液量的1.64%）的增氧量大大超过黄瓜的耗氧量（每株占液28L，生育期为盛果期）。即可计算出安排间歇流动的时间：停4h，流动1h。

表4-10　营养液循环流动增氧效果

营养液中含氧量（占饱和溶解度的百分比）/%	70	61	54	45	37	25	20	11	6	6	5	4	2	58	73	
经过的时间/h	0	4	8	12	16	20	24	28	32	36	40	44	48	52	56	
循环流动起止标志	开始停止流动 ——→													恢复流动		
液温	21℃ ——→					22℃ ——→										
槽内总液量及流速	总液量1400L，深12cm，每分钟进出23L，每小时约1400L															
种植作物日期与长相	黄瓜9月1日播种，10月20日进入收瓜期，已在种植槽内长满根系															
测定日期	10月20日下午3时起停止流动，22日上午11时起恢复流动															

在固体基质的无土栽培中，为了保持基质中有充足的空气，可选用如珍珠岩、岩棉和蛭石等合适的多孔基质，还应避免基质积水。

二、营养液浓度的调整

由于作物生长过程中不断吸收养分和水分，加之营养液中的水分蒸发，从而引起营养液浓度、组成发生变化。因此，需要监测和定期补充营养液的养分和水分。

（一）水分的补充

水分的补充应每天进行，一天之内水分应补充多少次视作物长势、每株占液量和耗水快慢而定。以不影响营养液的正常循环流动为准。在储液池内划上刻度，定时使水泵关闭，让营养液全部回到储液池中，如其水位已下降到加水的刻度线，即要加水恢复到原来的水位线。

（二）养分的补充

养分的补充方法有以下几种：

（1）方法一　根据化验了解营养液的浓度和水平　先化验营养液中NO_3^--N的减少量，按比例推算其他元素的减少量，尔后加以补充，使营养液保持应有的浓度和营养水平。

（2）方法二　从减少的水量来推算　先调查不同作物在无土栽培中水分消耗量和养分吸收量之间的关系，再根据水分减少量推算出养分的补充量，加以补充调整。例如，已知硝态氮的吸收与水分的消耗的比例，黄瓜为70 ∶ 100左右；番茄、甜椒为

50 ∶ 100左右；芹菜为130 ∶ 100左右。据此，当总液量10000L消耗5000L时，黄瓜需另追加3500L（5000×0.7）营养液，番茄、辣椒需追加2500L（5000×0.5）营养液，然后再加水到总量10000L。其他作物也以此类推。但作物的不同生育阶段，吸收水分和消耗养分的比例有一定差异，在调整时应加以注意。

（3）方法三 从实际测定的营养液的电导率值变化来调整 这是生产上常用的方法。根据电导率与营养液浓度的正相关性，求出线性回归方程（EC=a+bS）（见本章第二节“五、营养液浓度的表示方法”），再通过测定工作液的电导率值，就可计算出营养液浓度，据此再计算出需补充的营养液量。

在无土栽培中营养液的电导率目标管理值经常进行调整。营养液EC值不应过高或过低，否则对作物生长产生不良影响。因此，应经常通过检查调整，使营养液保持适宜的EC值。在调整时应逐步进行，不应使浓度变化太大。电导率调整的原则如下。

1.针对不同栽培作物调整EC值

不同蔬菜作物对营养液的EC值的要求不同，这与作物的耐肥性和营养液配方有关。如在相同栽培条件下，番茄要求的营养液比莴苣要求的浓度高些。虽然如此，各种作物都有一个适宜浓度范围。就多数作物来说，适宜的EC值范围为0.5 ～ 3.0mS/cm，EC值过高不利于生育。

2.针对不同生育期调整EC值

作物在不同生育期要求的营养液EC值不应完全一样，一般苗期略低，生育盛期略高。如日本有的资料报道，番茄在苗期的适宜EC值为0.8 ～ 1.0mS/cm，定植至第一穗花开放为1.0 ～ 1.5mS/cm，结果盛期为1.5 ～ 2.0mS/cm。

3.针对不同栽培季节、温度条件调整EC值

营养液的EC值受温度影响而发生变化，在一定范围内，随温度升高有增高的趋势。一般来说，营养液的EC值，夏季要低于冬季。据Adams认为，番茄用岩棉栽培冬季栽培的营养液EC值应为3.0～3.5mS/cm，夏季降至2.0～2.5mS/cm为宜。

4.针对栽培方式调整EC值

同一种作物采用无土栽培方式不同，EC值调整也不一样。例如，番茄水培和基质培相比，一般定植初期营养液的浓度都一样，到采收期基质培的营养液浓度比水培的低，这是因为基质会吸附营养。

5.针对营养液配方调整EC值

同样用于栽培番茄的日本山崎配方和美国A-H营养液配方，它们的总浓度相差1倍以上。因此补充养分的限度就有很大区别（以每株占液量相同而言）。采用低浓度的山崎配方补充养分的方法是：每天都补充，使营养液常处于1个剂量的浓度水平。即每天监测电导率以确定营养液的总浓度下降了百分之几，下降多少补充多少。采用高浓度的美国A-H配方种植时补充养分的方法是：以总浓度不低于1/2个剂量时为补充界限。即定期测定营养液中电导率，如发现其浓度已下降到1/2个剂量的水平时，即补充养分，补回到原来的浓度。隔多少天会下降到此限，视生育阶段和每株占液量多少而变。个人应在实践中自行积累经验而估计其天数。初学者应每天监测其浓度的变化。

应该注意的是营养液浓度的测定要在营养液补充足够水分使其恢复到原来体积时取样，而且一般生产上不做个别营养元素的测定，也不做个别营养元素的单独补充，要全面补充营养液。

三、营养液酸碱度的控制

（一）营养液pH值对植物生长的影响

营养液的pH值对植物生长的影响有直接的和间接的两方面。直接的影响是，当溶液pH值过高或过低时，都会伤害植物的根系。Hewitt概括历史资料认为：明显的伤害范围在pH 4～9之外。有些特别耐碱或耐酸的植物可以在此范围之外正常生长。例如，蕹菜在pH 3时仍可生长良好。在pH 4～9范围内各种植物还有其较适的小范围。间接的影响是，使营养液中的营养元素有效性降低以致失效。pH＞7时，P、Ca、Mg、Fe、Mn、B、Zn等的有效性都会降低，特别是Fe最突出；pH＜5时，由于H^+浓度过高而对Ca^{2+}产生显著的拮抗，使植物吸收Ca^{2+}不足而出现缺Ca症。有时营养液的pH值虽然处在不会伤害植物根系的范围（pH值在4～9之间），仍会出现由于营养失调而生长不良的情况。所以，除了一些特别嗜酸或嗜碱的植物外，一般将营养液pH值控制在5.5～6.5。

（二）营养液pH值发生变化的原因

营养液的pH值变化主要受营养液配方中生理酸性盐和生理碱性盐的用量和比例、栽培作物种类、每株植物根系占有的营养液体积大小、营养液的更换速率等多种因素的影响。生产上选用生理酸碱变化平衡的营养液配方，可减少调节pH值的次数。植株根系占有营养液的体积越大，则其pH值的变化速率就越慢、变化幅度越小。营养液更换频率越高，则pH值变化速度延缓、变化幅度也小。但更换营养液不控制pH值变化不经济，费力费时，也不实际。

（三）营养液pH值的检测方法

检测营养液pH的常用方法有试纸测定法和电位法两种。

1.试纸测定法

取一条试纸浸入营养液样品中，半秒后取出与标准色板比较，即可知营养液的pH值。试纸最好选用pH 4.5～8的精密试纸。

2.电位法

电位法是采用pH计测定营养液pH值的方法。在无土栽培中，应用pH计测试pH值，方法简便、快速、准确、精度较高，适合于大型无土栽培基地使用。常用的酸度计为pH S-2型酸度计。

（四）营养液pH值的控制

控制有两种含义：一是治标，即pH值不断变化时采取酸碱中和的办法进行调节；二是治本，即在营养液配方的组成上，使用适当比例的生理酸性盐和生理碱性盐，使营养液内部酸碱变化稳定在一定范围内。

1.选用生理平衡的配方

营养液的pH值因盐类的生理反应而发生变化，其变化方向视营养液配方而定。选用生理平衡的配方能够使pH值变化比较平稳，可以减少调整的麻烦，达到治本的目的。

2.酸碱中和

pH值上升时，用稀酸溶液如H_2SO_4或HNO_3溶液中和。H_2SO_4溶液的SO_4^{2-}虽属营养成分，但植物吸收较少，常会造成盐分的累积；NO_3^-植物吸收较多，盐分累积的程度较轻，但要注意植物吸收过多的氮而造成体内营养失调。生产上多用H_2SO_4调节pH值。中和的用酸量不能用pH值做理论计算来确定。因营养液中有高价弱酸与强碱形成的盐类存在，例如K_2HPO_4、$Ca(HCO_3)_2$等，其离解是逐步的，会对酸起缓冲作用。因此，必须用实际滴定曲线的办法来确定用酸量。具体做法是取出定量体积的营养液，用已知浓度的稀酸逐滴加入，随时测其pH值的变化，达到要求值后计算出其用酸量，然后推算出整个栽培系统的总用酸量。应加入的酸要先用水稀释，以浓度为1～2mol/L为宜；然后慢慢注入储液池中，随注随搅拌或开启水泵进行循环，避免加入速度过快或溶液过浓而造成局部过酸而产生$CaSO_4$沉淀。

pH值下降时，用稀碱溶液，如NaOH或KOH中和。Na^+不是营养成分，会造成总盐浓度的升高。K^+是营养成分，盐分累积程度较轻，但其价格比较贵，且吸收多了也会引起营养失调，生产上最常用的还是NaOH。具体进行可仿照以酸中和碱性的做法。这里要注意的是局部过碱会产生$Mg(OH)_2$、$Ca(OH)_2$等沉淀。

四、光照与液温管理

（一）光照管理

营养液受阳光直射时，对无土栽培是不利的。因为阳光直射使溶液中的铁产生沉淀；另外，阳光下的营养液表面会产生藻类，与栽培作物竞争养分和氧气。因此，在无土栽培中营养液应保持暗环境。

（二）营养液温度管理

1.营养液温度对植物的影响

营养液温度即液温直接影响根系对养分的吸收、呼吸和作物生长，以及微生物活动。植物对低液温或高液温其适宜范围都是比较窄的。温度的波动会引起病原菌的滋生和生理障碍的产生，同时会降低营养液中氧的溶解度。稳定的液温可以减少过低或过高的气温对植物造成的不良影响。例如，冬季气温降到10℃以下，如果液温仍保持在16℃，则对番茄的果实发育没有影响，在夏季气温升到32～35℃时，如果液温仍保持不超过28℃，则黄瓜的产量不受影响，而且显著减少劣果数。即使是喜低温的鸭儿芹，如能保持液温在25℃以下也能使夏季栽培的产量正常。

一般来说，夏季的液温保持不超过28℃，冬季的液温保持不低于15℃，对适应于该季栽培的大多数作物都是适合的。

2.营养液温度的调整

除大规模的现代化无土栽培基地外，我国多数无土栽培设施中没有专门的营养液温度调控设备，多数是在建造时采用各种保温措施。具体做法是：① 种植槽采用隔热性能高的材料建造，例如泡沫塑料板块、水泥砖块等；② 加大每株的用液量，提高营养液对温度的缓冲能力；③ 设深埋地下的储液池。

营养液加温可采取在储液池中安装不锈钢螺纹管，通过循环于其中的热水加温或用电热管加温。热水来源于锅炉加热、地热或厂矿余热加温。最经济的强制冷却降温方法是抽取井水或冷泉水通过储液池中的螺纹管进行循环降温。

无土栽培应综合考虑营养液的光温状况，光照强度高，温度也应该高；光照强度低，温度也要低，强光低温不好，弱光高温也不好。

五、供液时间与供液次数

营养液的供液时间与供液次数，主要依据栽培形式、植物长势长相、环境条件而定。在栽培过程中都应考虑适时供液，保证根系得到营养液的充分供应，从经济用液考虑，最好采取定时供液。掌握供液的原则是：根系得到充分的营养供应，但又能达到节约能源和经济用肥的要求。一般在用基质栽培的条件下每天供液2～4次即可，如果基质层较厚，供液次数可少些，基质层较薄，供液次数可多些。营养液膜技术培养（NFT培）每日要多次供液，果菜每分钟供液量为2L，而叶菜仅需1L。作物生长盛期，对养分和水分的需求量大，因此，供液次数应多；每次供液的时间也应长。供液主要集中在白天进行，夜间不供液或少供液。晴天供液次数多些，阴雨天可少些；气温高光线强时供液多些；温度低、光线弱时供液少些。供液应因时因地制宜，灵活掌握。

六、营养液的更换

循环使用的营养液在使用一段时间以后，需要配制新的营养液将其全部更换。更换的时间主要取决于有碍作物正常生长的物质在营养液中累积的程度。这些物质主要来源于：a.营养液配方所带的非营养成分（$NaNO_3$中的Na、$CaCl_2$中的Cl等）；b.中和生理酸碱性所产生的盐，使用硬水作水源时所带的盐分；c.植物根系的分泌物和脱落物以及由此而引起的微生物分解产物等。积累多了，造成总盐浓度过高而抑制作物生长，也干扰了对营养液养分浓度的准确测量。判断营养液是否更换的指标有以下几个。

① 经过连续测量，营养液的电导率值居高不降。

② 经仪器分析，营养液中的大量元素含量低而电导率值高。

③ 营养液有大量病菌而致作物发病，且病害难以用农药控制。

④ 营养液浑浊。

⑤ 如无检测仪器，可考虑用种植时间来决定营养液的更换时间。一般在软水地区，生长期较长的作物（每茬3～6个月，如果菜类）可在生长中期更换1次或不换液，只补充消耗的养分和水分，调节pH值。生长期较短的作物（每茬1～2个月，如叶菜类），可连续种3～4茬更换1次。每茬收获时，要将脱落的残根滤去，可在回水口安置网袋或用活动网袋打捞，然后补足所欠的营养成分（以总剂量计算）。硬水地区，生长期较短的蔬菜一般每茬更换一次，生长期较长的果菜每1～2个月更换一次营养液。

七、经验管理法

（一）“三看两测”管理法

营养液管理不同于土壤施肥，营养液只是配制好的溶液，特别是蔬菜专业户，缺少检测手段，更难于管理。杨家书根据多年积累的经验，提出“三看两测”的管理办法：一看营养液是否浑浊及漂浮物的含量；二看栽培作物生长状况，生长点发育是否正常，叶片的颜色是否老健清秀；三看栽培作物新根发育生长状况和根系的颜色。两测为每日检测营养液的pH值2次，每2日测1次营养液的电导度（EC值）。根据“三看两测”进行综合分析，然后对营养液进行科学的管理。

（二）其他经验管理法

一些缺乏化学检测手段的无土栽培生产单位，也可采用以下方法来管理营养液：第一周使用新配制的营养液，在第一周末添加原始配方营养液的50%，在第二周末将营养液罐中剩余的营养液全部倒掉，从第三周开始再重新配制新的营养液，并重复上述过程。这种方法简单实用。

八、废液处理与再利用

无土栽培系统中排出的废液，并非含有大量的有毒物质而不能排放。主要是因为大面积栽培时，大量排出的废液会影响地下水水质，如大量排向河流或湖泊将会引起水的富营养化。另外，即使有基质栽培的排出废液量少，但随着时间推移也将对环境产生不良的影响。因此，经过处理后重复循环利用或回用作肥料等是比较经济且环保的方法。处理方法有杀菌和除菌、除去有害物质、调整离子组成等。营养液杀菌和除菌的方法有紫外线照射、高温加热、砂石过滤器过滤、药剂杀菌等。除去有害物质可采用砂石过滤器过滤或膜分离法。

经过处理的废液收集起来，用于同种作物或其他作物的栽培或用作土壤栽培的肥料，但需与有机肥合理搭配使用。

第五章
无土栽培育苗技术

第一节　无土育苗的概念及特点

一、无土育苗的概念

无土育苗是指不用天然土壤，而用蛭石、草炭、珍珠岩、岩棉、矿棉等轻质人工或天然基质进行育苗。无土育苗除了用于无土栽培外，目前也大量用于土壤栽培。无土育苗又可分为穴盘无土育苗和简易无土育苗。

1. 穴盘无土育苗

穴盘无土育苗又叫机械化育苗或工厂化育苗，是以草炭、蛭石等轻质材料作基质，装入穴盘中，采用机械化精量播种，一次成苗的现代化育苗体系，是目前育苗技术的改革，能充分发挥无土育苗的优越性，是无土育苗的主要方式。穴盘育苗技术诞生于20世纪60年代，70年代开始较大面积发展。从全世界范围来看，穴盘育苗普及推广面积最大的是美国。我国20世纪80年代中期将这项育苗技术正式引进，“七五”期间，北京市郊区相继建起了花乡、双青、朝阳3座育苗场，均采用国外引进的生产线，配套使用国内的相关附属设施，科研单位和相关部门承担技术设备引进和研究工作。

2.简易无土育苗

简易无土育苗是以草炭、蛭石等轻质材料作基质，利用营养钵或穴盘进行的人工育苗。其是在没有实行规模化育苗，不能实行机械化育苗时，分散个体育苗时采用的方法。

二、穴盘无土育苗的特点

1.省工、省力、机械化生产效率高

采用精量播种，一次成苗，从基质混拌、装盘、播种、覆盖至浇水、施肥、打药等一系列作业实现了机械化自动控制，比常规育苗缩短苗龄10～20天，劳动效率提高5～7倍。常规育苗人均管理2.5万株，无土育苗人均管理20万～40万株。由于机械化作业管理程度高，减轻了劳动强度，减少了工作量。

2.节省能源、种子和育苗场地

干籽直播，一穴一粒节省种子。穴盘育苗集中，单位面积上育苗量比常规育苗量大，根据穴盘每盘的孔数不同，每公顷地可育苗315万～1260万株。

3.成本低

穴盘育苗与常规育苗比，成本可降低30%～50%。

4.便于规模化生产及管理

穴盘育苗采用标准化的机械设备，生产效率高，便于制定从基质混拌、装盘、播种、覆盖至浇水、施肥、打药等一系列作业的技术规程，形成规模化生产及管理。

5.幼苗质量好、没有缓苗期

由于幼苗抗逆性强，定植时带根坨移栽，缓苗快，成活率高。

6.适合远距离运输

穴盘育苗是以轻基质无土材料做育苗基质，具有密度小、保水能力强、根坨不易散、可保证运输当中不死苗等特点，适合远距离运输。穴盘苗质量轻，每株质量仅为30～50g，是常规苗的6%～10%。

7.适合于机械化移栽

移栽效率提高4～5倍，为蔬菜生产机械化开辟了广阔的前景。

8.有利于规范化管理，提高商品苗质量

由于穴盘育苗采用工厂化、专业化生产方式育苗，有利于推广优良品种，减少假冒伪劣种子的泛滥危害，提高商品苗质量。

第二节　无土育苗的设备

一、精量播种系统

1.机械转动式精量播种机

对种子的形状要求极为严格，种子需要进行丸粒化方能使用。

进口机械转动式精量播种机，是以美国加州文图尔公司生产的精量播种生产线为代表，其工作包括基质混拌、装盘、压穴播种、覆盖喷水等一系列作业，每小时播种500～800盘，最高可达1500盘/h（见图5-1）。

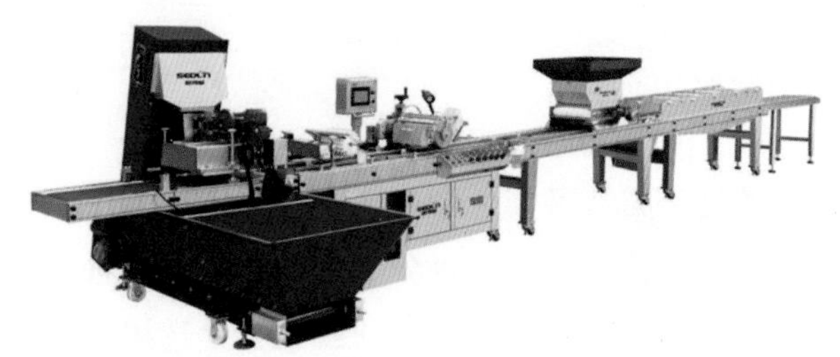

图5-1 转动式机械精量播种机

国产机械转动式精量播种机，原理和文图尔机械大同小异，体积较进口的偏小，但速度和播种质量不如进口机械。

2. 气吸式精量播种机

对种子的形状要求不甚严格，种子不需要进行丸粒化，但应注意不同粒径大小的种子，应配有不同规格的播种盘。一般都是进口机械（见图5-2）。

图5-2 气吸式精量播种机

3. 全自动气吸式精量播种机

西班牙的气吸式精量播种机速度较快，每次可播种一盘。

4.手动气吸式精量播种机

美国和韩国进口的，播种速度每小时60～120盘。

二、穴盘

因选用材质不同，可分为纸格穴盘、聚乙烯穴盘、聚苯乙烯穴盘。根据制作工艺不同穴盘可分为美式和欧式两种类型。美式穴盘大多由塑料片材吸塑而成，而欧式穴盘是选用发泡塑料注塑而成。就制作材料上相比较而言，美式穴盘较适合我国应用，目前国内育苗主要选用的是美式穴盘。

国际上使用的穴盘，外形大小多为54.9cm×27.8cm，小穴深度视孔大小而异，3～10cm不等。每个苗盘有50～800（50个、72个、128个、200个、288个、392个、512个、648个）个孔穴等多种类型。目前国内选用的是美国（Polyform）公司的穴盘和韩国生产的穴盘，常见穴盘规格为72孔、128孔、288孔。美国穴盘每盘容积分别为4630mL、3645mL和2765mL。美式吸塑穴盘分重型、轻型和普通型三种，轻型穴盘重130g左右，中型穴盘重200g以上，购置轻型穴盘比重型穴盘可节省30%开支，但从寿命来看，重型穴盘重复使用次数较轻型穴盘好，如果精心使用，每个穴盘可连续用2～3年。韩国穴盘相比，72孔容积偏小，仅为3186mL，128孔和288孔容积比美国穴盘容积大，分别为4559mL和2909mL，每个穴盘重180g以上，价格比美国穴盘便宜。

三、育苗基质

育苗基质是无土育苗成功与否的关键因素之一，目前主要有草炭、蛭石、珍珠岩；此外，蘑菇渣、腐叶土、处理后的酒糟、锯末、玉米芯等均可作为基质材料。其中以草炭最常用，特别是草炭与其他基质混合的混合基质。国内穴盘育苗多采用2 ∶ 1的草炭∶蛭石、3 ∶ 1的草炭∶蛭石。国内外穴盘育苗普遍采用草炭50%～60%，蛭石30%～40%，珍珠岩10%（见图5-3）。

图5-3　盘式育苗基质

四、育苗床架

育苗床架设置的作用，一是为育苗者作业方便，二是可以提高育苗盘的温度，三是可防止幼苗的根扎入地下，有利于根坨的形成。

育苗床架分为固定式和可移动式，由床屉和支架两部分组成。一般床屉规格为宽84cm（穴盘宽度的3倍），长217cm（穴盘长度的4倍），高度为50～70cm。每个床屉放12个穴盘，一个95m长、6m宽的温室可容纳2592个穴盘。

五、肥水供给系统

喷肥喷水设备是工厂化育苗必要设备之一，喷肥喷水设备的应用可以减小劳动强度，提高劳动效率，操作简便，有利于实现自动化管理。此系统包括压力泵、加肥罐、管道、喷头等。设备要求喷头喷水量均匀。喷水喷肥设备可分为固定式和行走式两种。

① 行走式喷水喷肥车要求行走速度平稳，又可分为悬挂式行走喷水喷肥车和轨道式行走喷水喷肥车。悬挂式行走喷水喷肥车比轨道式行走喷水喷肥车节省轨道占地，但是对温室骨架要求严格，必须结构合理、坚固耐用。

② 固定式喷水喷肥设备是在苗床架上安装固定的管道和喷头（见图5-4）。

图5-4　平铺管式栽培系统

此外，需要性能良好的育苗温室和催芽室、成苗室。

第三节　无土育苗种子处理技术

一、种子消毒

采用常规的温汤浸种或药剂处理对种子进行消毒，然后将种子风干或丸粒化备用。

二、种子活化处理

可加快种子萌发速度，提高种子发芽率、整齐度、活力。

（一）赤霉素活化处理茄子种子

将茄子种子置于55～60℃的温水中，搅拌至水温30℃，然后浸泡2h，取出种子稍加风干后置于500～1000mg/L赤霉素溶液中浸泡24h，把种子风干备用或进行种子丸粒化。

（二）硝酸钾活化处理芹菜种子

用2%～4%浓度的硝酸钾溶液，在（20±1）℃的温度下振荡或通气处理6天，取出种子风干备用或进行种子丸粒化。用硝酸钠、氯化钠、氯化镁等溶液处理蔬菜种子均有活化作用。

（三）微量元素浸种

用500～1000mg/L的硼酸、硫酸锰、硫酸锌、钼酸铵等溶液对茄果类种子浸种24h，可壮苗。

（四）种子包衣和种子丸粒化

种子包衣始于20世纪30年代英国的一个种子公司，大规模商业化种子包衣于20世纪60年代开始，现在种子包衣技术已广泛用于蔬菜、花卉及大田种子。

1.种子丸粒化材料

种子丸粒化是用可溶性胶将填充料以及一些有益于种子萌发

的辅料黏合在种子表面，使种子成为一个个表面光滑、形状大小一致的圆球形，使其粒径变大，重量增加。其目的是有利于播种机工作，节省种子用量。种子丸粒化材料主要是以硅藻土作为填充料，还可用蛭石粉、滑石粉、膨胀土、炉渣灰等。填充粒径一般是35 ～ 70目。常用的可溶性胶有阿拉伯胶、树胶、乳胶、聚酯酸乙烯酯、乙烯吡咯烷酮、羧甲基纤维素、甲基纤维素、乙酸乙烯共聚物，以及糖类等。种子包衣过程中亦可加入抗菌剂、杀虫剂、肥料、种子活化剂、微生物菌种、吸水性材料等。

2.种子丸粒化加工方法

种子丸粒化加工主要有气流成粒法和载锅转动法两种。

（1）气流成粒法　通过气流作用，使种子在造丸筒中处于飘浮状态。包衣料和黏结剂随着气流喷入造丸筒，吸附在种子表面，种子在气流作用下不停地运动，相互撞击和摩擦，把吸附在表面的包衣料不断压实，最后在种子表面形成包衣。目前我国还未见使用该方法的报道。

（2）载锅转动法　将种子放在立式圆形载锅中，载锅不停地转动，先用高压喷枪将水喷成雾状，均匀地喷在种子表面；然后将填充料均匀地加进旋转锅中，使种子不停转动，使其越滚越大，当种子粒径即将达到预定的大小时将可溶性糖胶用高压喷枪喷洒在种子表面，再加入一些包衣料，使其表面光滑、坚实。

丸粒化后的种子放入振动筛中，筛出过大或过小的种子。将过筛后的种子放入烘干机中，在30 ～ 40℃条件下烘干。合格的丸粒化种子，应达到遇水后能迅速崩裂的标准，以利于播种后种子能迅速吸水萌发。目前，我国主要采用此种方法进行丸粒化加工。

（五）穴盘及苗龄的选择

1.穴盘及苗龄的选择

穴盘的孔数多少要与苗龄大小相适应，才能满足幼苗生长发育需要的营养面积（见表5-1）。

表5-1　穴盘及苗龄的选择

种类	穴盘 / 孔	育苗期 / 天	成苗标准（叶数）
冬春季茄子	288（128） 128（72） 72（50）	30～35 70～75 80～85	2叶1心 4～5 6～7
冬春季甜椒	288（128） 128（72）	28～30 75～80	2叶1心 8～10
冬春季番茄	288（128） 128（72） 72（50）	22～25 45～50 60～65	2叶1心 4～5 6～7
夏秋季番茄	200（72）	18～22	3叶1心
夏播芹菜	288（128） 128（72）	约50 约60	4～5 5～6
生菜	288（128） 128（72）	25～30 35～40	3～4 4～5
黄瓜	72（50）	25～35	3～4
大白菜	288（128） 128（72）	15～18 18～20	3～4 4～5
结球甘蓝	288（128） 128（72）	约20 75～80	2叶1心 5～6
花椰菜	288（128） 128（72）	约20 75～80	2叶1心 5～6
抱子甘蓝	288（128） 128（72）	20～25 65～70	2叶1心 5～6
羽衣甘蓝	288（128） 128（72）	30～35 60～65	3叶1心 5～6
木耳菜	288（128）	30～35	2～3
蕹菜	288（128）	25～30	5～6
菜豆	128（72）	15～18	2叶1心

注：表中（　）内数字为另一选择孔数。

2.苗盘的清洗和消毒

育苗后的穴盘应进行清洗和消毒（见图5-5）。

图5-5　穴盘清洗和消毒

消毒常见的方法有以下几种。

① 甲醛消毒法。将穴盘放进稀释100倍的40%甲醛溶液中（即1L甲醛加99L水），浸泡30min，取出晾干备用。

② 漂白粉消毒法。将穴盘放进稀释100倍的漂白粉溶液中（即1kg漂白粉加99kg水），浸泡8～10h，取出晾干备用。

③ 甲醛、高锰酸钾消毒法。即将穴盘放入密闭的房间中，每立方米用40%甲醛溶液30mL，高锰酸钾15g。将高锰酸钾分放在罐头瓶中，倒入甲醛溶液，然后在密闭房间放置24h。

第四节　适宜基质及配方的选择

我国无土育苗基质主要是草炭、蛭石、珍珠岩。由于加入珍珠岩后，基质容易产生青苔，因此主要采用草炭和蛭石。

基质中加适量的肥料，供给幼苗生长发育需要的营养（见表5-2、表5-3）。育苗期间不浇营养液只浇清水，可以避免因浇液勤而造成的空气湿度过大，发生病害，同时减少了配制营养液的麻烦，简化管理流程。

表5-2　育苗基质中化肥的适宜用量　　单位：mg/m^3

蔬菜种类	氮、磷、钾（N、P、K）复合肥（15 ∶ 15 ∶ 15）	尿素＋磷酸二氢钾
冬春茄子	3 ～ 3.4	1.5+1.5
冬春辣椒	2.2 ～ 2.7	1.3+1.5
冬春番茄	2.0 ～ 2.5	1.2+1.2
春黄瓜	1.9 ～ 2.4	1.0+1.0
夏播番茄	1.5 ～ 2.0	0.8+0.8
夏播芹菜	0.7 ～ 1.2	0.5+0.5
生菜	0.7 ～ 1.2	0.5+0.7
甘蓝	2.6 ～ 3.1	1.5+0.8
西瓜	0.5 ～ 1.0	0.3+0.5
花椰菜	2.6 ～ 3.1	1.5+0.8
芥蓝	0.7 ～ 1.2	0.5+0.7
芦笋	2.2 ～ 2.7	1.3+1.5
甜瓜	1.9 ～ 2.4	1.0+1.0
西葫芦	1.9 ～ 2.4	1.0+1.0
洋葱	0.7 ～ 1.2	0.5+0.5

表5-3　穴盘育苗基质矿质元素含量标准

矿质元素	含量 /（mg/L）
铵态氮（NH_4^+-N）	<20
硝态氮（NO_3^--N）	40 ～ 100
磷（P）	3 ～ 5
钾（K）	60 ～ 150
钙（Ca）	80 ～ 200
镁（Mg）	30 ～ 70

基质反复使用应进行消毒，方法如前所述。一般采用40%甲醛溶液稀释50～100倍，均匀地喷洒在基质上，每立方米基质喷洒10～20kg；充分混合均匀后，盖上塑料薄膜闷24h；然后揭掉薄膜，待药味散后使用。

第五节　无土栽培的播种流程

无土育苗多采用分格室的育苗盘，播种时每穴一粒种子，成苗时一室一株，因此对播种技术要求十分严格。播种可分为全自动机械播种、手动机械播种和手工播种3种方式。其作业程序包括采用基质混合、装盘、压穴、播种、覆盖和喷水。全自动机械播种以上全部作业程序均使用自动机械完成，一穴一粒的准确率达到95%以上才是较好的播种质量。手动机械播种是采用机械播种，其他作业都用手工完成；手工播种是手工点籽。

一、基质混合

无土育苗主要采用草炭和蛭石，其比例为2份草炭加1份蛭石，或3份草炭加1份蛭石。可按2份草炭加1份蛭石的比例配制基质，此外按配方加入化肥。基质混合均匀后加入适量水分，使基质含水量达到40%～45%。基质过干或过湿均会影响种子发芽。

二、装盘

将混合好的基质装入穴盘中（见表5-4），装满，用刮板刮平，特别是四角和四周的孔穴一定要装满，否则基质深浅不一，播种深度不一致，影响幼苗出土的一致性；基质装量多少不一，影响基质保水性和幼苗营养供给。

表5-4　穴盘规格及其用基质量

产地	规格/穴	上口边长/cm	下口边长/cm	穴深/cm	容积/（mL/盘）	装盘数/（个/m^3）	基质用量/（m^3/千盘）
美国	72	4.2	2.4	5.5	4633	215	4.65
	128	3.1	1.5	4.8	6343	274	3.65
	288	2.0	0.9	4.0	2765	362	2.76
韩国	72	3.8	2.0	4.8	3186	313	3.20
	128	3.0	1.4	6.5	4559	219	4.57
	288	2.0	0.9	4.6	2909	343	2.92

三、压穴

装好的盘要进行压穴，以利于将种子播入其中。可专门制作压穴器压穴，也可将装好基质的穴盘垂直码放在一起，4～5盘一摞，两手平放在盘上均匀下压至要求深度为止。

四、播种

将种子点在压好穴的盘中，或用手动播种机播种，每穴一粒，避免漏播。一般是干籽播种适合于机械化播种育苗，同时应配套催芽室等保证发芽温度的温室设施。

五、覆盖

播种后用混合好的基质覆盖穴盘，方法是将基质倒在穴盘上，用刮板刮去多余的基质，覆盖基质不要过厚，以与格室相平为宜。

六、浇水

播种覆盖后及时浇水，浇水一定要浇透，以穴盘底部的渗水口看到水滴为宜。低温期覆盖浇水之后穴盘表面覆盖地膜，保温保湿。高温期还要用遮阳网或在地膜上覆盖纸被等遮光，防止烤苗。

七、温度

苗期对温度适应力较强，但根系对温度适应范围较小（见表5-5）。

表5-5　主要果蔬育苗适宜温度

果蔬种类	气温 /℃			土温 /℃	
	昼适温	夜适温	夜最低温	适温	实用最低温
番茄	20 ～ 25	12 ～ 16	5	20 ～ 23	13
茄子	23 ～ 28	16 ～ 20	10	23 ～ 25	15
辣椒	23 ～ 28	17 ～ 20	12	23 ～ 25	15
黄瓜	22 ～ 28	15 ～ 18	10	20 ～ 25	15
南瓜	23 ～ 30	18 ～ 20	10	20 ～ 25	15
西瓜	25 ～ 30	20	15	23 ～ 25	15
甜瓜	18 ～ 26	20	13	23 ～ 25	15
菜豆	18 ～ 26	13 ～ 18	12	18 ～ 23	15
毛豆	15 ～ 22	13 ～ 18	13	18 ～ 23	15
白菜	15 ～ 22	8 ～ 15	8	15 ～ 18	13
甘蓝	15 ～ 22	8 ～ 15	5	15 ～ 18	13
花椰菜	15 ～ 22	8 ～ 15	5	15 ～ 18	13
莴苣	15 ～ 22	8 ～ 15	5	15 ～ 18	13
芹菜	15 ～ 22	8 ～ 15	5	15 ～ 18	12
草莓	15 ～ 22	8 ～ 15	8	15 ～ 18	15

第六章
蔬菜无土栽培技术

第一节　蔬菜无土栽培原理

无土栽培是一种不用天然土壤而采用人工配制的含有植物生长发育必需元素的营养液来提供营养，使植物正常完成整个生命周期的栽培技术。无土栽培包括水培、雾（气）培、基质栽培等（见图6-1～图6-6）。

无土栽培技术于19世纪中期，由W.克诺普等发明，20世纪30年代该技术在农业生产上开始应用，21世纪进一步改进技术，此后无土栽培技术迅速发展起来。

图6-1　水培移苗流水线

图6-2　气雾培油菜

图6-3　气雾培黄瓜

图6-4　基质袋培

图6-5　现代温室

图6-6　现代温室俯视图

在无土栽培技术中，为植物提供一种比例协调、浓度适量的营养液是栽培成功的关键。为使植株得以竖立，可用石英砂、蛭石、泥炭、锯屑、塑料等作为支持介质（见图6-7），并可保持根系的通气。多年的实践证明，燕麦、甜菜、马铃薯、甘蓝、叶莴苣、番茄、黄瓜、大豆、菜豆、豌豆、小麦、水稻等作物，无土栽培的产量都比土壤栽培的高。由于植物对养分的要求因不同品种和植物生长发育的各个阶段不同，所以营养液配方也要随之相应地发生变化。例如：叶菜类主要是叶片的生长，整个生育期主要以氮肥（N）为主；番茄、黄瓜等前期植株生长，以氮肥为主，而开花结果期磷、钾肥要多些。生长发育时期不同，植物对营养元素的需要也不一样。番茄培养液配制时苗期N、P、K等元素可以少些，长大以后就要增加其供应量。夏季日照长，光强、温度都高，番茄需要的N比秋季、初冬时多。在秋季、初冬生长的番茄要求较多的K，以改善其果实的质量。培养同一种植物，在它的一生中也要不断地修改培养液的配方。

(a)

(b)

图6-7　栽培介质

无土栽培所用的培养液可以循环使用。配好的培养液经过植物对离子的选择性吸收，某些离子的浓度降低得比另一些离子快，各元素间比例和pH值都发生变化，逐渐不适合植物需要。所以每隔一段时间，要用盐酸或氢氧化钠调节培养液的pH值，并补充浓度降低较多的元素。由于pH值和某些离子的浓度可用选择性电极连续测定，所以可以自动控制所加酸、碱或补充元素的量（图6-8）。但这种循环使用不能无限制地继续下去。用固体惰性介质加培养液培养时，也要定期排出营养液，或用点灌培养液的方法，供给植物根部足够的氧。当植物蒸腾旺盛的时候，需要消耗大量水分，使培养液的浓度增加，这时需补充水分。无土栽培成功的关键在于管理好所用的培养液，使之符合植物最优营养状态的需要。

(a)

(b)

(c)

图6-8　培养液循环设备

无土栽培中营养液成分易于控制，而且可以随时调节，在光照、温度适宜而没有土壤的地方，例如沙漠、海滩、荒岛，只要有一定量的淡水供应便可进行。大都市的近郊和家庭也可用无土栽培法种植蔬菜花卉。

第二节　蔬菜无土栽培与常规栽培的区别

无土栽培是用非土壤的基质供应营养或完全利用营养液的

栽培技术，要求最佳的根际环境。蔬菜无土栽培，幼苗生长迅速，苗龄短，根系发育好，幼苗健壮、整齐，定植后缓苗时间短，成活率高。不论是基质育苗还是营养液育苗，都可保证水分和养分供应充足，基质通气良好。同时，无土育苗便于科学、规范化管理。采用无土育苗方式培育的幼苗，定植后，根际环境和育苗时根际环境相适应，因根系发育好，定植后不伤根，易成活，一般没有缓苗期。同时，无土育苗还可避免土壤育苗带来的土传病害和根结线虫等的危害。因此，无土栽培要采用无土育苗（图6-9）。

(a)　(b)　(c)　(d)

图6-9

(e)

(f)

图6-9 无土育苗

一、节约用水

相关科研部门在秋季大棚黄瓜无土栽培（图6-10）的试验中表明：无土栽培46天需水（营养液）共21.7m^3，而若进行土培，46天至少浇水5～6次，需用50～60m^{3}的水，节水率为50%～66.7%。可见，无土栽培节水效果非常明显，是发展节水型农业的有效措施之一。无土栽培不但省水，而且省肥，一般统计认为，有土栽培养分利用率约50%，我国农村由于科学施肥技术水平低，肥料利用率更低，仅30%～40%，50%以上的养分都损失了，在土壤中肥料溶解和被植物吸收利用的过程很复杂，不仅有很多损失，而且各种营养元素的损失不同，使土壤溶液中各元素间很难维持平衡，造成土壤连作障碍，影响产量和质量。而无土栽培，作物所需要的各种营养元素是人为根

图6-10 秋季大棚黄瓜无土栽培

据作物需要量身配制的，不仅不会损失，而且保持营养均衡，根据作物种类以及同一作物的不同生育阶段，科学地供应养分，所以作物生长发育健壮，生长势强，增产潜力大，且不会造成土壤、大气和水的污染。

二、清洁卫生

无土栽培施用的是无机肥料，没有臭味，也不需要堆肥场地。有土栽培施有机肥，肥料分解发酵，产生臭味污染环境，还会滋生很多害虫的虫卵，危害蔬菜；无土栽培则不存在这些问题。尤其是室内阳台蔬菜、花卉种植，更要求清洁、卫生，无土栽培既干净又环保，较为适合推广使用（图6-11）。

图6-11　无土栽培清洁、卫生

三、省力省工、易于管理

无土栽培不需要中耕、翻地、锄草等作业，省力省工。肥水一体化，由供液系统定时、定量供给，管理十分方便。土培浇水时，费时、费力、费工，浪费水肥，是一项劳动强度很大的作业，无土栽培则只需开启和关闭供液系统的阀门，大大减轻了劳动强度。一些发达国家，已进入微电脑控制时代，供液及营养液成分的调控完全用计算机控制（图6-12），几乎与工业生产的方式相似。

(a)

(b)

图6-12　电脑控制

四、避免土壤连作障碍

设施栽培中，土壤极少受自然雨水的淋溶，水分养分运动方向是自下而上。土壤水分蒸发和作物蒸腾使土壤中的矿质元素由土壤下层移向表层，长年累月、年复一年，土壤表层积聚了很多盐分，对作物有危害作用。尤其是设施栽培中的温室栽培，一经建设好就不易搬动，土壤盐分积聚后，以及多年栽培相同作物，造成土壤养分平衡，发生连作障碍，一直是个难以解决的问题。在万不得已情况下，只能用耗工费力的“客土”方法解决。而应用无土栽培后，特别是采用水培，则从根本上解决了此类问题。土传病害也是设施栽培的难点，土壤消毒，不仅困难而且消耗大量能源，成本可观，且难以消毒彻底。若用药剂消毒既缺乏高效药品，同时药剂有害成分的残留还危害健康，污染环境。无土栽培则是避免或从根本上杜绝土传病害的有效方法。

五、不受地区限制、充分利用空间

无土栽培使作物彻底脱离了土壤环境，因而也就摆脱了土地的约束。耕地被认为是有限的、最宝贵的、不可再生的自然资源，尤其对一些耕地缺乏的国家和地区，无土栽培就更有特殊意义。无土栽培应用于农业生产后，过去无法利用的沙漠、荒原或难以耕种的盐碱地区都可采用无土栽培方法加以利用。此外，无土栽培还不受空间限制，可以利用城市楼房的平面屋顶以及立体种植设施（图6-13）等种菜种花，大大扩大了栽培面积。

(a)

(b)

图6-13　无土立体栽培

六、有利于实现农业现代化

无土栽培使农业生产摆脱了自然环境的制约，可以按照人的意志进行生产，所以是一种受控农业的生产方式。无土栽培较大程度地按数量化指标进行耕作，有利于实现机械化、自动化，从而逐步走向工业化。奥地利、荷兰、美国、日本等都有水培“工厂”，是现代化农业的标志（见图6-14）。

图6-14　现代化无土栽培工厂

缺点是，现代化无土栽培工厂一次性投资较大，需要增添设备，如果营养源受到污染，容易蔓延，营养液配制需要较高的技术知识。

第三节　蔬菜无土栽培分类

蔬菜无土栽培是当今世界上较先进的栽培技术，由于无土栽培比有土栽培具有更多优点，因此近几年来无土栽培面积发展呈直线上升趋势。一般无土栽培的类型主要有水培、雾培和基质栽培三大类。现以叶菜类蔬菜水培技术为例进行系统介绍，进一步推进无土栽培的应用和推广。

一、水培

水培是指植物根系直接与营养液接触，不用基质的栽培方法（图6-15）。最早的水培是将植物根系浸入营养液中生长，这种方式会出现缺氧现象，影响根系呼吸，严重时会造成根系死亡。为了解决供氧问题，英国Cooper在1973年提出了营养液膜法的水培方式，简称“NFT”（nutrient film technique）。它的原理是使一层很薄的营养液（0.5～1cm）层，不断循环流经作物根系，既保证不断供给作物水分和养分，又不断供给根系新鲜氧气。NFT法栽培作物，灌溉技术大大简化，不必每天计算作物需

图6-15　水培车间

水量，营养元素均衡供给。根系与土壤隔离，可避免各种土传病害，也无需进行土壤消毒。

此方法栽培植物直接从溶液中吸取营养，蔬菜主根退化、须根发达，便于从营养液中吸收营养。例如，黄瓜无限性生长，主蔓可达10～15m，主根根系仅45cm。

以叶菜类水培为例简单地介绍叶菜类水培的意义及其基础设施结构。

(a)

（一）叶菜类水培的意义

绝大多数叶菜类蔬菜采用水培方式进行（见图6-16），其优点包括以下几点。

① 产品质量好，叶菜类多食用植物的茎叶，如生菜、芹菜、菊苣等，要求产品鲜嫩、洁净、无污染，便于清洗。土培蔬菜容易受污染，叶片沾有泥土，清洗起来不方便，而水培叶菜营养配比合理，比土培蔬菜质量好，洁净、鲜嫩、口感好、品质优。

② 适应市场需求，可在同一场地进行周年栽培。叶菜类蔬

(b)

(c)

图6-16　叶菜类水培

菜不易储藏，但为了满足市场需求，需要周年生产。土培叶菜倒茬作业烦琐，需要整地作畦、定植施肥、浇水等作业，而无土栽培换茬很简单，只需将幼苗植入定植孔中即可。例如生菜，一年365天天天可以播种、定植、采收，不间断地连续生产。所以，水培方式便于茬口安排，适合于计划性、合同性、工厂化周年生产。

③ 解决蔬菜淡季市场需求。叶菜类一般植株矮小，无需增加支架设施，故设施投资小、生长周期短，周转快。水培方式又属设施生产，一般不易被外力破坏，抗风险能力较强。在恶劣天气及环境气候变化时仍能供应市场，可以获得较高经济价值。

④ 不需中途更换营养液，节省肥料。由于叶菜类生长周期短，如果中途无大的生理病害发生，一般从定植到采收只需定植时配一次营养液，无需中途更换营养液。果菜类由于生长期长，即使无大的生理病害，为保证营养液养分的均衡，也需要及时更新营养液。

⑤ 经济效益高。水培叶菜可以避免连作障害，复种指数高。设施运转率一年高达20茬以上，生产经济效益高。因此，一般叶菜类蔬菜常采用水培方式进行。

（二）水培基础设施结构

国内多家科研机构及大型企业引进，参考国外水培设施，结合我国现实经济水平已研究开发出DFT式水培设施。此设施由营养液槽、栽培床、营养液系统三部分组成，现分别介绍如下。

1.营养液槽

营养液槽是储存营养液的设备，一般用砖和水泥砌成水槽置于地下（见图6-17）。因这种营养液槽容量大，无论是冬季还是夏季营养液的温度变化不大。但使用营养液槽必须靠泵的动力加液，因此必须在有电源的地方才能使用。营养液槽的容积，一般每亩的水培面积需要5～7t水，具体宽窄可根据温室地形灵活设计。营养液槽的施工是一项技术性较强的工作。营养液槽一般由砖和水泥砌成，也可用钢筋水泥筑成。为了使液槽不漏水、不渗水和不返水，施工时必须加入防渗材料，并于液槽内壁涂上除水材料。除此之外，为了便于液槽的清洗和使水泵维持一定的水量，在设计施工中应在液槽的一角放水泵之处做一20cm×20cm的小水槽，以便于营养液槽的清洗。

图6-17 营养液槽

2.栽培床

栽培床是作物生长的场地，是水培设施的主体部分（见图6-18）。作物的根部在床上被固定并得到支撑，从栽培床中得到水分、养分和氧气。栽培床由床体和定植板（也称栽培板）两部分组成。

（1）床体 床体是用来盛营养液和栽植作物的装置。栽培床床体由聚苯材料制成。床体规格有两种：一种是长75cm，宽96cm，高17cm；另一种是长100cm，宽66cm，高17cm。两种规格根据温室跨度搭配使用。

图6-18 栽培床

这种聚苯材料的床体具有质量轻、便于组装等特点，使用寿命长达10年以上。为了不让营养液渗漏和保护床体，里面铺一层厚0.15mm、宽1.45m的黑膜。

图6-19　栽培板

（2）栽培板　栽培板用以固定根部，防止灰尘侵入，挡住光线射入，防止藻类产生并保持床内营养液温度的稳定。栽培板（见图6-19）也由聚苯板制成，长89cm、宽59cm、厚3cm，上面排列直径3cm的定植孔，孔的距离为8cm×12cm。可以根据不同作物需要自行调整株行距。栽培板的使用寿命在10年以上。

3.营养液系统

包括加液系统、排液系统和循环系统。水培设施的给液，一般是由水泵把营养液抽进栽培床。床中保持5～8cm深的水位，向栽培床加液的设施由铁制或塑料制的加液主管和塑料制的加液支管组成，塑料支管上每隔1.5m有一个直径3mm的小孔。营养液从小孔中流入栽培床。营养液循环途径是营养液由水泵从营养液槽抽出，经加液主管、加液支管进入栽培床，被作物根部吸收。高出排液口的营养液，顺排液口通过排液沟流回营养液槽，完成一次循环（见图6-20）。

图6-20　营养液系统

适宜水培的叶菜品种很多，经试验成功适宜水培的叶菜品种有芹菜、三叶芹、苋菜、生菜、菊苣、芥蓝、菜心、油菜、小白菜、薹菜、豆瓣菜、水芹、细香葱、大叶芥菜、羽衣甘蓝、紫背天葵、马铃薯等。

深液流法水培蔬菜技术实际上就是工厂化生产蔬菜，所产蔬菜不仅不含任何有害化学物质，同时还具有一定的保健作用。运用这项技术不仅可以生产成品，同时也可以培育种苗。随着科技创新和劳动力减少的影响，大型水培企业一般还建设自动化的育苗移栽系统（见图6-21）。

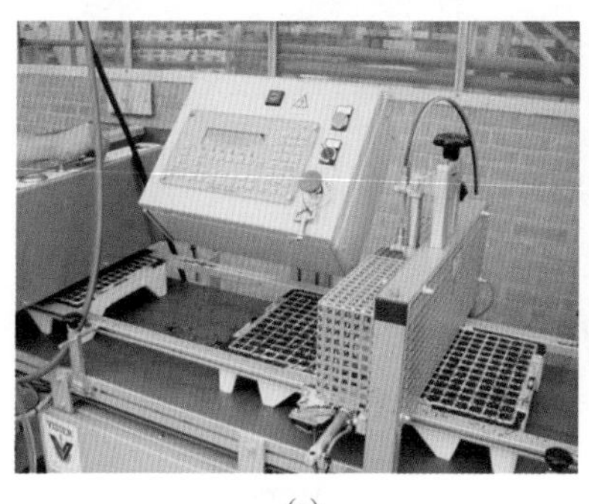

(a)

(b)

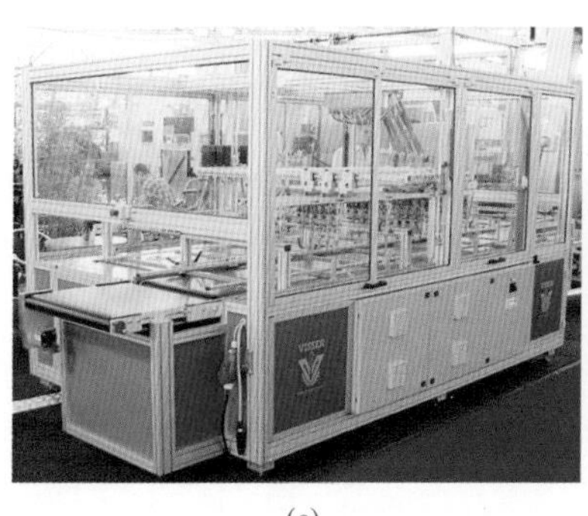

(c)

(d)

图6-21

(e)

(f)

图6-21　自动化的育苗移栽系统

二、雾培

又称气培或雾气培。它将营养液压缩成气雾状而直接喷到作物的根系上，根系悬挂于容器的空间内部（见图6-22）。通常是用聚丙烯泡沫塑料板做成的，其上按一定距离钻孔，于孔中栽培作物。两块泡沫板斜搭成三角形，形成空间，供液管道在三角形空

(a)

(b)

图6-22　雾培

间内通过，向悬垂下来的根系上喷雾。一般每间隔2～3min喷雾几秒，营养液循环利用，同时保证作物根系有充足的氧气。但此方法设备费用太高，需要消耗大量电能，且不能停电，没有缓冲的余地，还只限于科学研究应用，未进行大面积生产，因此最好不要用此方法。此方法栽培植物机理同水培，因此根系状况同水培。

三、基质栽培

基质栽培是无土栽培中推广面积最大的一种方式（图6-23）。它是将作物的根系固定在有机或无机的基质中，通过滴灌或细流灌溉的方法供给作物营养液。栽培基质可以装入塑料袋内，或铺于栽培沟或槽内。基质栽培的营养液是不循环的，称为开路系统，这可以避免病害通过营养液的循环而传播。

(a)　　(b)

图6-23　基质栽培

基质栽培缓冲能力强，不存在水分、养分与供氧气之间的矛盾，且设备较水培和雾培简单，甚至可不需要动力，所以投资少、成本低，生产中普遍采用。从我国现状出发，基质栽培是最有现实意义的一种栽培方式。

栽培基质中岩棉的优点是可形成系列产品（岩棉栓、块、板等），使用搬运方便，并可进行消毒后多次使用。但是使用几年后就不能再利用，废岩棉的处理比较困难，在使用岩棉栽培面积最大的荷兰已形成公害。所以，我国现在开发利用有机基质（农业生产废料，如花生壳、棉籽壳、秸秆等），使用后可翻入土壤中作有机肥料，改善土壤团粒结构而不污染环境，是很好的无土栽培基质。此种方法因为有基质的参与，实际操作中可能会见到主根的长度比一般无土栽培的长，但是就黄瓜的表现主根一般不超过60cm。

第四节　影响蔬菜无土栽培成功的关键因素

不论采用何种类型的无土栽培，无土栽培时营养液必须溶解在水中，然后供给植物根系。基质栽培时，营养液浇在基质中，而后被作物根系吸收，所以对水质、营养液和所用基质的物理、化学性状必须有所了解。

一、水质

水质与营养液的配制关系密切。判断水质是否标准的主要指标是电导率（EC）、pH值和有害物质含量。

电导率（EC）是溶液含盐浓度的指标。各种作物耐盐性不同，耐盐性强的如甜菜、菠菜、甘蓝类。耐盐中等的如黄瓜、菜豆、甜椒等。无土栽培对水质要求严格，尤其是水培，因为它不像有土栽培具有缓冲能力，所以许多元素含量都比土壤栽培允许的浓度标准低，否则就会发生毒害，一些农田用水不一定适合无土栽培，收集雨水用于无土栽培是很好的方法。无土栽培的水，pH值不要太高或太低，因为一般作物对营养液pH的要求以中性为好，如果水质本身pH值偏高或偏低，就要用酸或碱进行调整，既浪费药品又费时费工。

二、营养液配方

营养液是无土栽培的关键，不同作物要求不同的营养液配方。世界上发表的配方很多，但大同小异，因为最初的配方来源于对土壤浸提液的化学成分分析。营养液配方中，差别最大的是其中氮和钾的比例。

配制营养液要考虑到化学试剂的纯度和成本，生产上可以使用化肥以降低成本。配制的方法是先配出母液（原液），再进行稀释，可以节省容器便于保存。需将含钙的物质单独盛在一容器内，使用时将母液稀释后再与含钙物质的稀释液相混合，现配现用，尽量避免形成沉淀。营养液的pH值要经过测定，必须调整到适于作物生育的pH值范围，水量调整时尤其要注意pH值的调整，以免发生毒害。

三、栽培基质

用于无土栽培的基质种类很多。可根据当地基质来源，因地制宜地加以选择，尽量选用原料丰富易得、价格低廉、理化性状好的材料作为无土栽培的基质。

（一）对基质的要求

1.具有一定大小的固形物质

这会影响基质是否具有良好的物理性状。基质颗粒大小会影响容量、孔隙度、空气和水的含量。按照粒径大小可分为五级：1mm，1 ～ 5mm，5 ～ 10mm，10 ～ 20mm，20 ～ 50mm。可以根据栽培作物种类、根系生长特点、当地资源状况加以选择。

2.具有良好的物理性质

基质必须疏松，保水、保肥性好，透气性强。南京农业大学吴志行等研究认为，对蔬菜作物比较理想的基质，其粒径最好为0.5 ～ 10mm，总孔隙度＞55%，容重为0.1 ～ 0.8g/cm^3，空气容积为25% ～ 30%，基质的水气比为1 ∶ 4。

3.具有稳定的化学性状，本身不含有害成分，不使营养液发生变化

基质的化学性状主要指以下几方面。

（1）pH值　反映基质的酸碱度，非常重要。它会影响营养液的pH值及成分变化。6 ～ 7被认为是理想基质的pH值。

（2）电导率（EC）　反映已经电离的盐类溶液浓度，直接影响营养液的成分和作物根系对各种元素的吸收。

（3）缓冲能力　反映基质对肥料迅速改变pH值的缓冲能力，要求缓冲能力越强越好。

（4）盐基代换量　是指在pH=7时测定的可替换的阳离子含量。一般有机基质，如树皮、锯末、草炭等可代换的物质多；无机基质中蛭石可代换物质较多，而其他惰性基质则可代换物质就很少。

4. 要求基质取材方便，来源广泛，价格低廉

在无土栽培中，基质的作用是固定和支持作物、吸附营养液、增强根系的透气性。基质是十分重要的材料，直接关系栽培的成败。基质栽培时，一定要按上述几个方面严格选择。中国农业大学园艺系通过试验研究发现，在黄瓜基质栽培时，营养液与基质之间存在着显著的交互作用，互为影响又互相补充。所以水培时的营养液配方，在基质栽培时，特别是使用有机基质时，会受基质本身营养元素成分的含量、可代换程度等因素的影响，而使配方的栽培效果发生变化，这是应当加以考虑的问题，不能生搬硬套。

（二）最常用的基质消毒方法

1. 蒸汽消毒

此法简便易行，经济实惠，安全可靠。凡在温室栽培条件下以蒸汽进行加热的，均可进行蒸汽消毒。方法是将基质装入柜内或箱内（体积 1 ～ $2m^3$），用通气管通入蒸汽进行密闭消毒。一般在 70 ～ 90℃条件下持续 15 ～ 30min 即可。

2. 化学药品消毒

所用的化学药品有 40% 甲醛溶液、氯化苦、威百亩、漂白剂等。

（1）40% 甲醛溶液　又称福尔马林，是一种良好的杀菌剂，但对害虫效果较差。使用时一般用水稀释成 40 ～ 50 倍液，然后用喷壶按照 20 ～ $40L/m^2$ 水量喷洒基质，将基质均匀喷湿，喷洒完毕后用塑料薄膜覆盖 24h 以上。使用前揭去薄膜让基质风干 2 周左右，以消除残留药物危害。

（2）氯化苦　该药剂为液体，能有效地防治线虫、昆虫、一些杂草种子和具有抗性的真菌等。一般先将基质整齐堆放30cm厚度，然后每隔20～30cm向基质内15cm深处注入氯化苦药液3～5mL，并立即将注射孔堵塞。一层基质放完药后，再在其上铺同样厚度的一层基质打孔放药，如此反复，共铺2～3层，最后覆盖塑料薄膜，使基质在15～20℃条件下熏蒸7～10天。基质使用前要有7～8天的风干时间，以防止直接使用时危害作物。氯化苦对活的植物组织和人体有毒害作用，使用时务必注意安全。

（3）威百亩　威百亩是一种水溶性熏蒸剂，对线虫、杂草和某些真菌有杀伤作用。使用时1L威百亩加入10～15L水稀释，然后均匀喷洒在10m^{2}基质表面，施药前将基质密封，半月后可以使用。

（4）漂白剂（次氯酸钠或次氯酸钙）　该消毒剂尤其适于砾石、砂子消毒。一般在水池中配制0.3%～1%的药液（有效氯含量），浸泡基质0.5h以上，最后用清水冲洗，消除残留氯。此法简便迅速，短时间就能完成。

四、供液系统

无土栽培供液方式很多，有营养液膜法（NFT）、漫灌法、双壁管式灌溉法、滴灌法、虹吸法、喷雾法和人工浇灌法等。归纳起来可以分为循环水（闭路系统）和非循环水（开路系统）两大类。生产中应用较多的供液方式是营养液膜法和滴灌法。

（一）营养液膜法（NFT）

① 备三个母液储液罐（槽）：一个盛硝酸钙母液；一个盛其他营养元素的母液；另一个盛磷酸或硝酸，用以调节营养液的pH值。

② 储液槽。储存稀释后的营养液，用泵将其液由栽培床高的一端送入，由低的一端回流。液槽大小与栽培面积有关，一般1000m^{2}要求储液槽容量为4～5t。储液槽的另一个作用就是回收由回流管路流回的营养液。

③ 过滤装置。在营养液的进水口和出水口安装过滤器，以保证营养液清洁，不会造成供液系统堵塞。

（二）滴灌法

① 备两个浓缩的营养液罐，存放母液：一个液罐中含有钙元素，另一个含有其他元素。

② 浓酸罐。用于调节营养液的pH值。

③ 储液槽。用来盛放稀释好的营养液。储液槽的高度与供液距离有关，只要高于1m就可供30～40m的距离。如果用泵抽，则储液槽高度不受限制，甚至可在地下设置。

④ 管路系统。用各种直径的黑色塑料管，不能用白色，以避免藻类的滋生。

⑤ 滴头。固定在作物根际附近的供液装置，常用的有孔口式滴头和线性发丝管。孔口式滴头在低压供液系统中流量不太均匀，发丝管比较均匀。但共同的问题是易堵塞，所以在储液槽的进出口处也必须安装过滤器以滤除杂质。

五、基质消毒

无土栽培基质长时间使用后会聚积病菌和虫卵，尤其在连作条件下更容易发生病虫害。因此，每茬作物收获以后、下一次使用之前一定要对基质进行消毒处理。

第五节　蔬菜无土栽培的应用

一、用于反季节和高档蔬菜的生产

当前多数国家用无土栽培生产洁净、优质、高档、新鲜、高产的蔬菜产品，多用于反季节和长季节栽培。例如，近几年在厚皮甜瓜的东进、南移过程中，无土栽培技术发挥了巨大的作用，利用专用装置，采用有机基质栽培技术，为南方地区栽培甜瓜提供了有效的途径，使甜瓜在早春和秋冬栽培上市，经济效益十分可观。

另外，草本药用植物培育和食用菌无土栽培同样效果良好。

二、在沙漠、荒滩、礁石岛、盐碱地等进行作物生产

在沙滩、盐碱地、沙漠、礁石岛等不适宜进行土壤栽培之地可利用无土栽培大面积生产蔬菜和花卉，具有良好的效果。例如，新疆吐鲁番西北园艺作物无土栽培中心在戈壁滩上兴建了112栋日光温室，占地面积34.2hm^2，采用砂基质槽式栽培种植蔬菜，产品在国内外市场销售，取得了良好的经济效益和社会效益。

三、在设施园艺中的应用

无土栽培技术作为解决温室等园艺保护设施土壤连作障碍的有效途径被世界各国广泛应用，在我国设施园艺迅猛发展的今天

更具有其重要的意义。我国现有温室、大棚90万公顷之多，成为世界设施园艺面积最大的国家，但长期土壤栽培，导致连作障碍日益严重，直接影响设施园艺的生产效益和可持续发展，适合国情的各种无土栽培形式在解决设施园艺连作障碍的难题中发挥了重要的作用，为设施园艺的可持续发展提供了技术保障。

四、在家庭园艺中的应用

采用无土栽培在自家的庭院、阳台和屋顶种花、种菜，既有娱乐性又有一定的观赏和食用价值，便于操作、洁净卫生，可美化环境。

五、在太空农业上的应用

随着航天事业的发展和人类进驻太空的需要，在太空中采用无土栽培种植绿色植物来供应宇航员需要是最有效的方法。无土栽培技术在航天农业上的研究与应用正发挥着重要的作用，例如美国肯尼迪航天中心对用无土栽培生产宇航员在太空中所需食物做了大量研究与应用工作，有些蔬菜作物的栽培已获成功，并取得了很好的效果。

第六节　无土栽培的发展前景

从历史上来看，农业文明的标志就是人类对作物生长发育的干预和控制程度。实践证明，对作物地上部分的环境条件的控制，比较容易做到，但对地下部分的控制（如根系的控制），在常规土培条件下是很困难的。无土栽培技术的出现，使人类获得了包括无机营养条件在内的、对作物生长全部环境条件进行精密控制的能力，从而使得农业生产有可能彻底摆脱自然条件的制约，完全按照人的愿望，向着自动化、机械化和工厂化的生产方式发展。这将会使农作物的产量得以几倍、几十倍甚至成百倍增长。

从资源的角度看，耕地是一种极为宝贵的、不可再生的资源。由于无土栽培可以将许多不可耕地加以开发利用，所以使得不能再生的耕地资源得到了扩展和补充，这对于缓和及解决地球上日益严重的耕地问题有着深远的意义。无土栽培不但可使地球上许多荒漠变成绿洲，而且在不久的将来海洋、太空也将成为新的开发利用领域。因而无土栽培技术在日本已被许多科学家作为研究“宇宙农场”的有力手段，人们称为太空时代的农业已经不再是不可思议的问题。

水资源的问题，也是世界上日益严重威胁人类生存发展的大问题。不仅在干旱地区，就是在发达的人口稠密的大城市，水资源紧缺问题也越来越突出。随着人口的不断增长，各种水资源被超量开采，某些地区已近枯竭。所以控制农业用水是节水的措施之一，而无土栽培，避免了水分大量的渗漏和流失，使得难以再生的水资源得到补偿，它必将成为节水型农业、旱区农业的必由之路。

诚然，无土栽培技术在走向实用化的进程中也存在不少问题。突出的问题是成本高、一次性投资大；同时还要求较高的管理水平，管理人员必须具备一定的科学知识，这也不是任何地方都能做到的。从理论上讲，进一步研究矿质营养状况的生理指标，减少管理上的盲目性，也是有待解决的问题。此外，无土栽培中的病虫防治，基质和营养液的消毒，废弃基质的处理等，也需进一步研究解决。但是随着科学技术的发展、提高，以及这项新技术本身固有的种种优越性，无土栽培已向人们展示了无限广阔的发展前景。

第七章
水果无土栽培技术

第一节　草莓无土栽培技术

一、草莓无土栽培的概念和意义

（一）草莓无土栽培的概念

草莓无土栽培中应用面积最大的方式为基质栽培。区别于土壤栽培，它将作物的根系固定在有机或无机的基质中，通过滴灌或微灌溉的方法，定时、定量、合理地供给草莓所需要的养分。

（二）草莓无土栽培的现实意义

1. 非可耕地资源的利用

除了耕地以外，我国仍有大量不适宜耕地的土地资源处于荒废状态，而通过设施无土栽培技术则可实现盐碱地、极寒地区、光伏建设用地、荒漠等非可耕地的利用，为当地农业经济发展注入新力量，实现“荒地生金，变废为宝”（见图7-1）。

图7-1　农光互补

2. 省力化栽培

目前农业产业面临着劳动力缺乏、劳动力老龄化等严峻问题。此栽培模式下，可调控农事操作平台至劳动者最适的状态，且全程可结合物联网工程技术，在不影响作业的前提下达到轻力化、省力化栽培的效果（见图7-2）。相对于传统生产方式（见图7-3），可大大提高劳动效率，降低劳动成本。

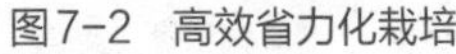

图7-2　高效省力化栽培

图7-3　人工管理

3. 工厂化、洁净化生产

设施无土栽培条件下，可人为控制草莓生长的栽培环境，灵活调节各种栽培措施，使草莓栽培程序化；它可充分协调各类资源环境条件，使草莓长势一致并达到最佳状态，实现高产；整个生产过程，果实不接触地面，果实大小一致性高，果品质量可控性高、有保障（见图7-4）。

图7-4　工厂化、洁净化生产

4.设施用地的可持续发展

普通设施栽培用地由于年年耕作、作物自身化感作用、过量施肥、土壤次生盐渍化等诸多土壤问题，导致设施栽培的作物质量年年下降，严重者甚至产生减产绝产现象（见图7-5）。而无土栽培恰恰可避免土壤连作障碍，达到年年高效生产的目的，实现设施用地可持续发展（见图7-6）。

图7-5　重茬地草莓植株长势差

图7-6　草莓无土栽培

二、草莓优质种苗繁育技术

（一）草莓三级种苗繁育体系——组培脱毒

1.脱毒苗意义

草莓种苗经过组培脱毒后，植株具有健壮无病毒、长势一致、繁殖速度极快、繁殖不受季节限制、节约大量空间、易保存等诸多优点（见图7-7、图7-8）。

图7-7　工厂化生产组培脱毒苗

图7-8　草莓组培脱毒苗

2.脱毒技术

（1）热处理脱毒技术　其原理是根据病毒和植物细胞对高温的耐受性存在差异，利用高温处理使病毒变性失活，进而抑制其在植物组织内的侵染，达到脱毒目的。常用的热处理方法有热水或者热空气处理，将草莓植株或外植体置于35～41℃温度环境中7～14天即可达到脱毒效果（见图7-9）。但是由于其对部分病毒脱毒效果欠佳，该脱毒技术渐渐不被采用。

图7-9 草莓热处理脱毒

（2）茎尖脱毒技术 其原理是茎尖的分生组织不存在病毒赖以扩散的维管系统，因此茎尖部分几乎不含病毒，通过茎尖的组培即可获得脱毒苗。取茎尖0.3mm，经过反复冲洗、杀菌，接种至特定培养基，经过脱分化、再分化、继代、生根、驯化等流程即获得脱毒苗（见图7-10）。

（3）超低温茎尖脱毒技术 其原理是植物茎尖生长的分生细胞较小、细胞质浓度大、液泡小，在超低温处理后仍可分化成新的植株。茎尖生长点经过高浓度蔗糖培养基预培养2周后，再进行玻璃化处理，随之转入–196℃的液氮中处理1h，紧接着进行40℃水浴加热2min，转移至分化培养基培养，经过一段时间分化即可得到脱毒苗（见图7-11）。此技术轻便高效，是未来草莓脱毒产业发展的必然趋势。

图7-10 草莓茎尖脱毒

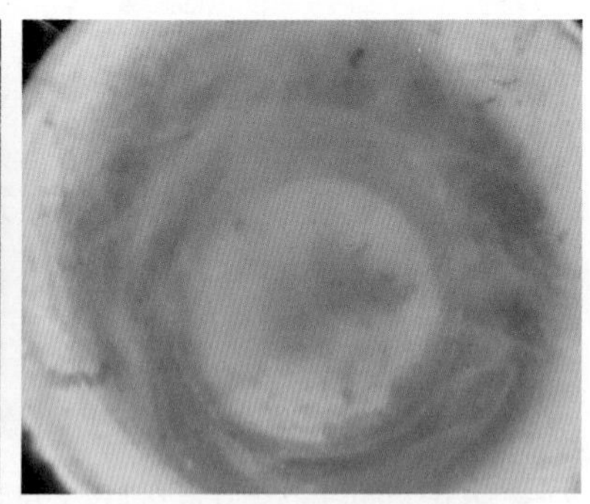

图7-11 –196℃液氮超低温脱毒技术

（二）草莓三级种苗繁育体系——原种育苗技术

该环节为三级育苗的中间环节，即采用草莓组培脱毒苗（原原种）进行匍匐茎扩繁，生产出的即为原种。

1.设施构造

在日光温室内，建造高1.5m、宽0.4m的平台，布置好水肥滴灌系统。将草莓原原种定植在繁育平台上进行匍匐茎繁育，待匍匐茎分生出6～7株子苗后，将其扦插至穴盘内，移至缓苗区，待4月中旬进行定植（见图7-12）。整个子苗繁育环节应当在网室中进行，防虫网目数应当选择60目以上，切断刺吸害虫传病。

图7-12　冬季日光温室“原原种”扩繁

2.定植技巧

（1）原原种选择　选用健壮、根系发达、有4～5片功能叶的脱毒组培苗作为母株（见图7-13）。

（2）原原种定植　定植地址应选择在日光温室中，将完成驯化后的脱毒草莓苗再进行30d左右的培养，定植时间大致在11月中上旬，每个条形育苗盆定植母株4棵，株距为15cm左右，呈“闪电”形分布，母株定植时注意第一、第三棵弓背朝东侧，第二、第四

图7-13　高品质组培原原种

棵弓背朝西侧；并做到“深不埋芯，浅不漏根”，定植后浇足定植水。

（三）草莓三级种苗繁育体系——高海拔避雨基质育苗技术

1.设施构造

（1）育苗棚构造　建棚选址应该在山坡阴面、背风、交通便利的地方。要求塑料大棚（见图7-14）：通风、透光、棚体四周整洁无杂草且排水良好。标准棚体走向为南北走向，棚长40m、宽10m、棚高4m。棚侧边高度2.0m、拱形棚顶高2.0m、棚顶南北各留两个直径为40cm的通风扇。棚的北部应建有水肥中心枢纽，棚南侧需要建造废液收集池。

图7-14　标准高架避雨基质育苗棚

（2）棚膜覆盖　覆盖棚膜可采用聚乙烯膜，一个塑料大棚覆盖3块棚膜，顶部为弧形整体，南北两侧各需要一块塑料膜，并留通风口，达到避雨的要求（见图7-15）。

（3）整理地面　用耕地机压实整个棚室的地面呈一定倾斜度，有利于滴灌系统顺畅。整理好地面后需要铺设防草布，避免杂草传播病害，且能够降低人工除草的投入（见图7-16）。

图7-15　育苗棚样式

图7-16　整理地面

（4）立架准备　供草莓生长的铁架高0.5m、长18m、宽1.2m，棚南北各留1.5m宽走道，中间行间走道宽为2m，每列之间走道宽度为0.65m，每个棚可建标准草莓繁育架10个（见图7-17）。

图7-17　育苗棚架

（5）布置水肥管道　首先布置喷淋设施，每隔2m布置一个喷头，喷头在标准草莓育苗架上方0.5～1.0m（见图7-18）。注意所有喷头应在同一个平面上，同时从每列的北部枢纽处布置滴灌开关，为保证滴灌水压合适，应于中部位置增加一根主滴灌管道。

图7-18　育苗棚喷淋系统

2.盆式育苗

母苗栽植条形盆规格为长50cm、高15cm、喷口宽19cm、底部管11cm。盆中填充基质85%～90%（见图7-19）。母苗定植时间选择在4月中上旬早上10时前及下午3时后（也可选择先在条形育苗盆中假植，正式繁育种苗时直接搬运至育苗架上），定植母苗前需要进行杀菌处理、布置好遮阳系统，并使盆中基质含水量保持在60%～70%，待母苗定植后铺设滴灌系统并打开喷淋系统，使空气相对湿度保持在80%左右（见图7-20）。缓苗结束后及时喷施低浓度杀菌剂，并滴灌杀菌剂预防根部病害。母

图7-19　基质混匀

苗定植20天后陆续抽生匍匐茎，此时需要在条形育苗盘两侧各同向摆放两个标准28孔穴盘（见图7-21），每个孔容积在150mL左右，并填充好基质，待匍匐茎形成弓背时用育苗叉将其依次固定在穴盘中，促使其生根。此外，每天需要利用喷淋系统补充水肥，基质湿度控制在60%左右，待其铺满第一个穴盘后继续牵引至第二个穴盘。待8月中下旬可使苗功能叶片数量大于4片、根系饱满、无机械损伤、无病虫害、芯茎在6mm以上。出圃前一周减少浇水量，提高种苗抗性。

图7-20　盆式育苗——待上架

图7-21　标准28孔育苗穴盘

3. 日常管理

（1）植株整理

① 整个种苗繁育过程中及时去除老叶、病叶，便于通风透光，并

在每次农事操作后及时喷洒杀菌剂，减少病害的发生；还应及时摘除花蕾与细弱匍匐茎，减少种苗养分消耗。待匍匐茎形成弓背，即可引压在母株的两侧，压苗使用专用育苗卡，将种苗摆正方向并固定在穴盘中，卡苗器应当放置在靠近母株的匍匐茎端，不应过紧、过深，以免造成伤苗感染病菌（见图7-22）。

图7-22　扦插种苗的样式

② 种苗切离。在8月上旬，平均气温在15～20℃进行种苗切离。切离前1周应当减少种苗浇水量，促进根系生长。待晴朗合适的天气剪断母株与种苗间的匍匐茎，并在靠近种苗的一端留4～6cm匍匐茎，以防病菌直接感染心茎，子苗切除后应适当遮阴，在补充水分时需喷施杀菌剂。

（2）水肥管理　母株缓苗后的1周，根据新叶长势，每4～7天冲施1次平衡肥，浓度在1500～2000倍，后期浓度在1000～1500倍；每7～10天冲施1次氨基酸水溶肥、中微量元素、鱼蛋白水溶肥等，冲施倍数500～800倍，并根据叶片颜色，补充相应微量元素（见图7-23）。种苗需要在每天的上午8时喷淋水肥至基质表面湿润，阴雨天除外。8月后，叶片喷0.3%磷酸二氢钾3～4次，防止草莓旺长并促进花芽分化。

图7-23　穴盘苗单独生长状

（3）温光管理　4月初，母株定植后，温度保持在25～30℃，高于28℃可以打开顶风口，低于20℃及时关闭风口。进入4月中下旬，打开大棚东西两侧通风口，加强通风并安装防虫网。进入6月后，光照增强，棚室覆盖遮阳网（遮阳率60%）进行遮阳降温，并在白天打开南北向通风机，促进棚室内空气循环（见图7-24）。进入7月，光照强烈，蒸发速度加快，需要在早上10时至下午4时进行遮阳处理，保证草莓安全度夏。

图7-24　通风机

（4）赤霉素处理　在草莓定植前期，及时喷施赤霉素，可抑制花芽分化的进程，促进心茎分化抽生匍匐茎。一般选择在定植后的20天左右进行赤霉素处理，喷施浓度为12.5mg/kg，使用1g纯度为75%的赤霉素晶体兑60kg水。选择在日落后，于草莓心茎部位喷施。根据匍匐茎抽生情况，对繁殖系数高的品种可喷施1～2次，而对繁殖系数较低的品种喷施2次以上，喷施间隔为1周。

4.促花技术

（1）高海拔促花技术　草莓花芽分化温度需要在25℃以下，而大部分地区的夏季温度往往远超25℃，因此利用海拔越高温度越低的规律，将草莓育苗基地建于高海拔地区，结合短日照处理，就可更早形成花芽，并达到增产效果（见图7-25）。

图7-25　高海拔育苗

（2）短日照促花技术　当日照时间处于12h以下时，草莓就进入了花芽分化期。通过人为控制光照时间在8h，持续25～30天，即可完成草莓花芽分化，定植后1个月即可实现吐蕾（见图7-26）。

图7-26　短日照处理

（3）冷库促花技术　在大部分高温、平原地区，由于气候条件限制，无法利用自然地理条件进行促花，冷库育苗应运而生。冷库育苗主要有两种方式：一是调节冷库温度在10℃左右，不计光周期，处理10～15天即可；二是调节冷库温度在15℃左右，将光照时间调整至8h，处理15～20天即可（见图7-27）。

图7-27　冷库促花技术

（4）化控促花技术　通过肥料以及植物生长调节剂等亦可实现草莓控长促花的目的。进入7月中下旬后，可喷施浓度为0.3%的磷酸二氢钾3～4次或芸苔素内酯、碧护等具有促进花芽分化作用的药剂，既可控制草莓旺长，又能达到促花效果。

5.病虫害防治

草莓苗期的虫害主要有红蜘蛛、蚜虫、斜纹夜蛾、蓟马、菜青虫等；病害主要是细菌性病害、炭疽病、根腐病、青枯病、白粉病；非生物病害主要有日灼、肥害、药害等。

三、高效基质栽培技术

（一）棚室选择

1.现代土墙日光温室

该温室后墙保温层为填充土，框架为钢管；其蓄热性能强于砖墙，比传统方式占地少、造价低（见图7-28）。

图7-28　现代土墙日光温室

2.现代砖墙日光温室

较传统砖墙日光温室：其后坡坡度更大，有利于排水；其上、下通风口面积更大，可加快大棚温湿度调节速率；其通风口处可布置通风设施，加速棚内空气循环（见图7-29）。

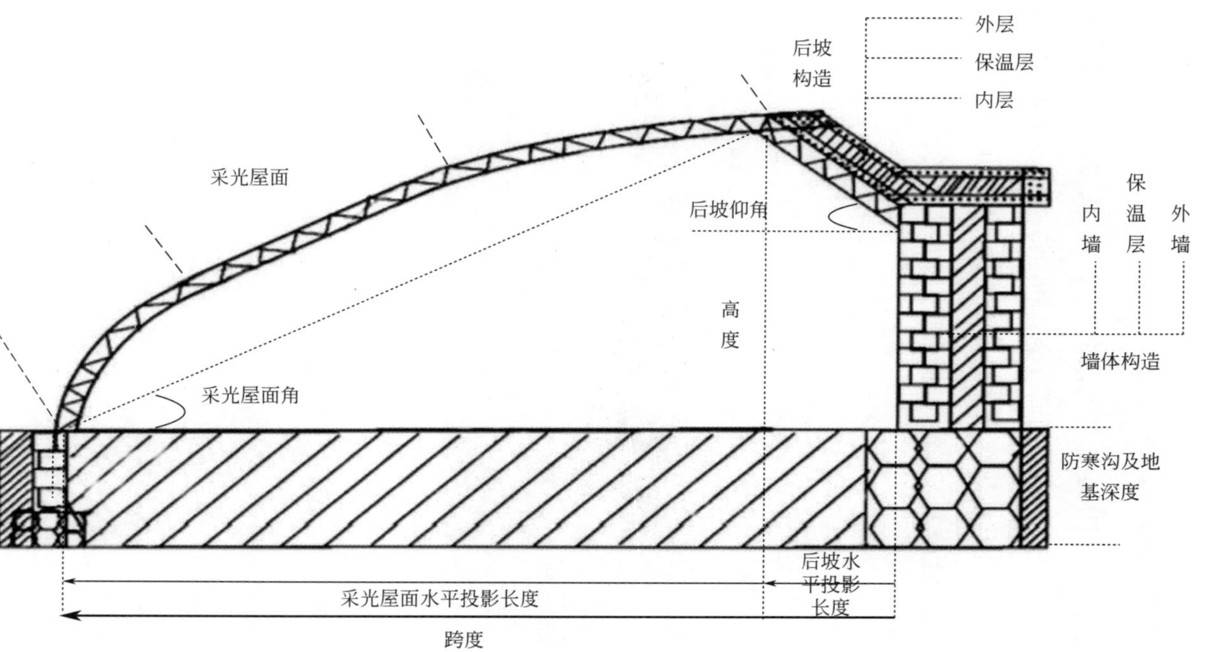

图7-29　现代砖墙日光温室

3.新型双层膜日光温室

该类温室一般由连栋温室改造而成，其优点有造价较低、可规模化生产、可随季节不同而改变其功能特性、运行费用较低等。但由于其内部没有蓄热结构，耐低温能力较差，且由于双膜的存在，导致透光性较差，往往内部湿度也很大（见图7-30）。

图7-30　新型双膜日光温室

4.轻简保温被后墙温室

该温室整体采用钢架建造而成，后墙以3 ～ 5层防水保温被构成，整体建造方便，造价较低，适合河北往南地区的草莓种植。但若出现–20℃的极寒天气，需要有增温措施，否则会产生冻害影响。此外，由于其建造材料为易燃品，因此在日常农事操作中应当注意防火；且整体由钢架构成，出现大雪天气时应当及时除雪，防止坍塌（见图7-31）。

图7-31 轻简保温被后墙温室

（二）立架形式

1.“H”形栽培

该栽培模式为草莓无土栽培生产过程中较为常见的立体栽培模式之一。其构造较为简单，一般以高度0.8～1.2m、宽0.4m为宜，长度可根据设施结构而定。采用“H”形连体钢架结构为支撑，顶部用无纺布形成容纳基质的凹槽，可利用滴灌系统，实现自动化水肥灌溉，并在最底部铺设塑料膜或硬管形成空气层，实现营养液回流（见图7-32）。

图7-32 “H”形栽培

2.“A”形栽培

该栽培模式主要运用在观光连栋大棚中，主体由钢架构成，栽培结构一般为由PVC、铝合金等材料构成的梯形、矩形、圆形状栽培槽，在栽培槽底部设置凹形小槽，利于营养液回流。栽培过程中，可根据品种特性与设施光能力设置栽培槽的间距与数量（见图7-33）。

图7-33 “A”形栽培架

3.吊架栽培

该栽培模式为最简易的栽培模式之一，其以上部钢架结构为支撑，用钢丝连接整个栽培槽、栽培筐，使其悬挂在人为操作高度较为适宜的水平面。该栽培模式轻简高效，成本较低（见图7-34）。

4.“山”形栽培

该栽培模式主要运用于休闲农场中。其结构介于“H”形与“A”形栽培模式之间，一方面可实现不同采摘水平面与较高的空间利用率，另一方面可获得较高的采光率（见图7-35）。

图7-34 吊架栽培

图7-35 “山”形栽培

5. 基质袋栽培

该栽培模式轻便灵活，可根据空间条件、场地条件、栽培用途等因素，自由设计栽培袋形状。栽培基质可由不同比例的草炭、蛭石、珍珠岩组成，也可采用成品的椰糠基质袋，并按比例混入一定的发酵有机肥及复合肥（见图7-36）。

图7-36　基质袋栽培

6.后墙栽培

该栽培模式以日光温室的后墙为依靠，采用特定的栽培槽固定在墙体上，一般可排列3～4行，有效利用棚内剩余空间，节约土地资源。此外，由于后墙保温蓄热能力好、栽培槽东西走向，采光时间长，可为草莓植株提供较好的生长条件（见图7-37）。

图7-37　后墙栽培

（三）无土栽培设施设备

1.全智能物联网控制系统

该系统为现代农业常用的集感应系统、水肥灌溉系统、温湿度管理系统、光照管理系统等为一体的全智能化栽培管理系统。

其控制中枢为智能化灌溉云平台，将感应系统实时监测和提交的农作物栽培环境与作物生长发育信息，进行收集与处理，并分析出最佳综合灌溉、管理计划方案，精确发送至其连接的相应机械设备，实现精准、科学、合理的灌溉施肥与温光控制，还可接受人工远程操作管理（见图7-38）。

图7-38　全智能物联网控制系统

2.首部水肥一体化枢纽

首部水肥一体化枢纽一般由水肥电机驱动系统、肥料混合装置、水源净化装备等设施设备组成，负责水肥原料的混配与输送（见图7-39）。

图7-39　首部水肥一体化枢纽

3.滴灌带

滴灌带贯穿于植株之间，通过毛管上的滴头将水肥精准地传送至作物根系附近，保证肥水均衡供应（见图7-40）。

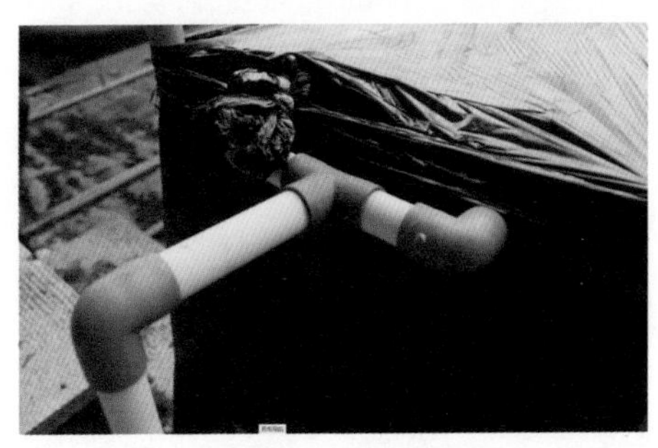

图7-40　滴灌系统

4.养分回流循环

该装置可收集灌溉后的剩余水肥，经过回收管道循环利用，达到节约水肥、保护环境、维持根际环境良好的效果。其循环利用指将已经使用过的水肥溶液进行回收、消毒、复配，并重新供应至水肥系统中被植株吸收利用（见图7-41）。

图7-41　营养回流系统

5. 二氧化碳补充装置

由于冬春设施内封闭，缺少气体内外交换，造成了设施环境中二氧化碳浓度较低，甚至匮缺，不利于植株生长。因此，常常需要补充二氧化碳以提高植株光合作用能力（见图7-42）。

图7-42　温室智能二氧化碳补充装置

（四）基质选择与处理

用于草莓无土栽培的基质主要原料有椰糠、蛭石、草炭、珍珠岩、木屑、腐熟秸秆、菇渣、松针、水洗牛粪等。常用育苗基质及其比例为草炭：珍珠岩：蛭石=2∶1∶1，生产用基质也可混入一定比例的浮石增加其透气性，栽培用可加入控释肥4kg/m^3，腐熟农家肥40kg/m^3；要求炭绒0.3cm以上、蛭石粒径0.1cm以上、珍珠岩粒径不小于0.3cm、草莓需要的基质适宜pH值为5.5～6.5（见图7-43）。使用前需要进行混配、杀菌，杀菌可采用高温杀菌（30天以上）、40%甲醛溶液（福尔马林）处理，用量为250g/m^3。处理好的基质可用塑料膜盖好待用（见图7-44）。

图7-43　基质混配

图7-44　基质育苗专用穴盘

（五）棚膜与保温被的选择

棚膜材质主要有PE类、EVA类、PO类，三类棚膜功能特性各有不同。消雾性：PO＞EVA＞PE；流滴性：PO＞EVA＞PE；透明性：PO＞EVA＞PE；保温性：EVA＞PO＞PE。因此为了保证棚膜透光性、保温性、防尘性以及稳定性，一般选用厚度0.08～0.12mm的PO膜作为设施栽培专用膜（见图7-45）。

图7-45　普通PO棚膜

保温被应当具有密封性好、防水性强、阻燃性好、保温性强、材质轻、稳定性好等特性，一般选用容重16kg/m^{3}以上、厚度10cm以上的保温被。

（六）栽培管理技术

1.品种与种苗选择

草莓无土栽培应选择浅休眠、抗病性好、耐低温、耐弱光、丰产性佳、香味浓郁、授粉能力强、硬度大、含糖量高的品种，例如雪里香、香野、红颜、越秀等（见图7-46）。

为了提高定植成活率和产量，可选择高海拔冷凉地区培育的基质苗作为生产苗，其优势有植株强壮、叶片厚绿、根系发达、苗子长势一致、缓苗时间短、成花速度快、花芽分化质量高、丰产性好（见图7-47）。

图7-46　综合性状优的品种

图7-47　高海拔无毒基质苗

图7-48　选择阴天进行定植

2.定植

（1）环境消毒　在定植前1个月进行高温闷棚，持续20～30天，在定植前一周内，对定植场所进行一次彻底消杀，杀虫、杀菌、清园。

（2）定植时间　北方地区选择定植时间一般在8月中下旬至9月上旬，选择阴天定植，草莓植株可迅速缓苗，抽生新叶（见图7-48）。

（3）高效定植技术

① 株行距。在定植时根据草莓品种特性确定草莓株距，大株型品种株行距20～25cm，小株型品种株行距18～20cm。单垄双行栽培时，先在其中一行用一根木棍截成统一标准距离，并在基质上做出标记，隔开20～25cm（见图7-49）。

图7-49　草莓苗定植标准

② 定植技巧。定植前草莓苗需要整理，去除病叶、老叶、花序以及匍匐茎，随之浸洗杀菌。定植前先挖好定植穴，随后将经过处理的草莓苗放入定植穴，压实周围基质。定植时注意“弓背朝采摘面”“深不埋芯，浅不露根”，一般日光温室促成栽培每亩定植草莓苗8000～10000株。亩产量在1500～3000kg（见图7-50）。

图7-50　高效定植技巧

③ 及时补充水分。草莓定植前给基质灌水，使基质湿度保持在80%左右；定植后应当浇足定植水，防止种苗失水，标准以基质全部渗透时即可停止。

④ 遮阴缓苗。定植前应当准备好遮阳网，整个定植过程应当迅速完成，完成后及时布置滴灌带，保证草莓不失水萎蔫，4～7天待新叶抽出即缓苗成功。

3.定植后管理

（1）及时补苗　定植一周后要及时检查是否有缺苗、死苗现象，并及时进行补苗。

（2）药剂管理　定植后第一次浇水时务必添加防治根腐病、炭疽病的药剂，也可加入生物杀菌杀虫剂，如四霉素、苏云金芽孢杆菌。滴灌时间选择在上午9时前和下午5时后，滴灌时间一般为15min左右，每7～10天进行一次药物防治。此外，在扣棚前、下雨前、下雨后、农事操作后都应当进行杀菌处理。

（3）覆盖地膜　植株开始现蕾时，其整体矮壮、韧性好，是覆盖地膜的最佳时间。覆盖地膜前应当进行浇水处理，选择在中午前后效果佳，覆盖后应当在傍晚时补充水分（见图7-51）。

（4）植株管理　覆盖地膜后，劈除受伤老叶、病叶、匍匐茎，可促进新叶抽生、根系生长与花序抽生。留叶大致标准为4～6片/株，去除基部侧芽与残留叶托，防止病菌侵害（见图7-52）。

图7-51　定植架上覆盖地膜状

图7-52　基部侧芽状

4.扣棚升温

10月中下旬，当气温低于10℃时即需要扣棚。扣棚前应当事先修整压膜槽、压膜线等设施设备，并提前准备好物资，棚膜应选择透光性能强、韧性好、保温效果佳、防雾防滴性好的材料（见图7-53）。扣完棚膜后，棚内温度上升较快，此时应当适时适量补充水分，防止植株萎蔫。

图7-53　扣棚作业

5.疏花疏果

草莓精品果留果标准为3～5枚/株，也可按每1.5片叶子供应1枚果为标准疏除。草莓进入始花期后即可开展疏花疏果工作。每株草莓花期只预留6～8个高级花蕾，并去除所有低级花序、畸形花、病花；待有3～5枚果进入幼果期后，去除多余花蕾以及病果、虫果、畸形果、弱果，及时抖落果上的花瓣并劈除侧芽，保证每株最多2个短缩茎（见图7-54）。值得注意的是，在疏果后当及时喷施低浓度杀菌剂，避免病菌侵染伤口（见图7-55）。

图7-54　疏花疏果后

图7-55　结果状

6.授粉蜂选择

目前适合草莓授粉的蜂种类主要有意大利蜂、中华小蜜蜂、熊蜂等，最佳选用对象为熊蜂。在草莓进入始花期前，提前移入蜂箱，蜂箱出口朝太阳升起的方向（见图7-56），在出蜂口周围放置盛有白糖浆的饲喂器，液面放木棍等漂浮物，木棍的高度应略高于白糖浆液面，以防止熊蜂溺亡；此外，在每次喷施杀虫剂前应当将蜂箱转移至安全位置，待药剂安全期过后再将其移回原位置（见图7-57）。

图7-56　出蜂口朝太阳升起方向

图7-57　蜜蜂授粉状

7.采收技术

草莓采收需要兼顾风味、着色、耐储性等诸多特点。采收前准备好各类采收、包装物资，采收时期应当以草莓着色面积60% ～ 80%为标准，坚持1 ～ 2天采收一次；采收时间为早上露水退去后、中午11时前，防止草莓受热后耐储性降低；采收时应当平盘摆放草莓，草莓经过预冷、简易分级包装后即可移入冷库短暂贮存（见图7-58、图7-59）。采收后应当尽快处理残留在母株上的花序轴，一方面可促进下一茬花开放，另一方面可降低病虫害发生率。

图7-58　采后分级

图7-59　包装流水线

8.储藏运输

经过冷库储藏的草莓高档果，可直接进行快递生鲜冷链运输发至全国各地（见图7-60）。进行线下销售时，最好使用冷藏车运输，设置货箱温度为1 ～ 2℃、相对湿度为90%，整个运输过程中尽量减少颠簸，防止草莓机械损伤而变质（见图7-61）。

图7-60　草莓生鲜快递包装

图7-61　草莓冷链运输

9.高效水、肥、气、热管理

（1）现蕾期管理　草莓出现花蕾后，应当及时覆地膜，提升地温。当棚内高温时，不应着急开棚，防止高温闪苗；出现低温时，也不要着急封闭棚膜升温，植株发育前期适当的低温有利于促进草莓花芽分化，敦实植株长势。因此，需要依据外界温度变化合理开关风口，白天温度控制在18 ～ 22℃，夜间温度控制在8 ～ 10℃。为了提高草莓花果质量，需要在花前1周左右补充以硼为主的微量元素肥1 ～ 2次。

（2）花序抽生期管理　从现蕾期到开花前，由于植株生长量大，需要消耗大量营养用于抽生花序，此时需要及时补充养分，并去除匍匐茎。冲施平衡水溶肥+高钾水溶肥各1.0kg/亩，3 ～ 5天冲施一次，间隔7 ～ 10天补充一次中微量元素。若草莓叶片发生吐盐现象则暂停肥料供应，并连续冲施纯水5 ～ 8m^3/亩，2天后观察，若仍有盐害现象则需要重复冲施纯水。

如果花序过于短壮，则在必要时用赤霉素处理。具体方法：

选择晴天的傍晚，光照较弱时，喷施浓度10mg/kg的赤霉素，即选择纯度为75%的赤霉素晶体1g，溶于少量酒精后兑水75kg。

（3）花期管理 开花坐果质量直接影响产量，因此花期管理是整个草莓生产周期内最为关键的环节之一。花期管理的主要工作有授粉受精、温度控制、疏花疏果等。花期白天温度控制在20～30℃，夜间温度不低于10℃，花期内减少灌溉次数，适当降低棚内湿度。

（4）果期管理 为了保证生产出优质高档果，则需要在草莓果期科学保障水、肥、气、热的良好稳定供应。为了保证草莓果实正常膨大，幼果期应保证水分供应，果实转色期需降低灌溉频率，目的是提高内在品质；草莓幼果期应当按照高钾：平衡肥=1：1施用，并单独补充钙、硼、硅肥各1次，待果实膨大后追施1～2次高钾水溶肥（含量在35%以上）；通风换气是保证草莓正常生长的必要措施之一，一般在早上9时进行15min的通风换气，一方面排除有害气体，另一方面补充利于植物生长发育的气体成分，与此同时可带走温室内的水汽，降低棚内湿度。适宜的温差是保证草莓口感的关键因素之一，温差一般控制在15～20℃为宜。具体操作：晴朗天气早上8:30开启保温被，并通气15min，此时温度10℃左右；10:30左右温度可上升至30℃，维持30℃到12:30；然后开启通风口，温度降至23～25℃，维持这个温度到15:30；往后温度降至20℃左右时关闭风口，待温度降至13℃左右降下棚被；第二天早上开启棚被之前，温度仍能维持在10℃左右。

10.采后管理

进入6月后，设施无土栽培的草莓生产渐入尾声。这段时期的工作是处理草莓母株，当采摘完最后一茬果后即可停止肥水供应，并关闭大棚所有风口，进行为期1个月的高温闷棚，直至草莓植株与基质中水分降至最低，即可清理出草莓植株。

11.病害防治

（1）炭疽病　夏季高温高湿条件下易发病，主要通过机械伤口、土壤传播。主要为害匍匐茎、叶柄、花茎和心茎，发病前期产生红褐色小点，随后扩大呈条带状分布，匍匐茎、叶柄、花茎发病症状为红褐色干枯状；心茎发病前期主要表现新叶叶片萎缩发黄，该时期病害不易发现，待草莓整株干枯死亡，切开心茎后可直观看出，切面从外到内褐化坏死，但维管束不变色（见图7-62、图7-63）。

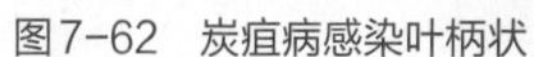
图7-62　炭疽病感染叶柄状

图7-63　炭疽病感染茎基部

具体防治方法：选择抗病品种，注重基质杀菌，防治重点为育苗中后期至花前。以根灌结合叶喷防治，可采用吡唑醚菌酯、嘧菌酯、咪鲜胺、溴菌腈、三唑类杀菌剂（苯醚甲环唑、戊唑醇、腈苯唑）等。

（2）灰霉病　高温高湿条件下易发病，主要集中于果实成熟期。该病为害花、叶、果实、匍匐茎。叶片发病后干枯并在叶缘上产生灰色霉层，花托可直观鉴别植株是否感染灰霉，在花托顶部出现局部的粉红色病斑，随之萼片发红干枯，进而传染至果实，产生水渍状褐色坏死，最终整个果实布满灰绿色霉层（见图7-64、图7-65）。

图7-64　灰霉病感染花序

图7-65　灰霉病感染果实

具体防治方法：选择抗病品种、清除园区杂草等农业废弃物、及时进行植株整理，摘除发病部位、保证通风透光等。花前预防为主，可采用百菌清烟熏剂熏蒸；药剂喷施以异菌脲、咯菌腈、腐霉利等为主，由于灰霉病喜湿，因此烟熏剂喷施效果更佳。

（3）白粉病　低温、高湿条件下易发病。主要为害花、叶、果实。发病初期一般表现为叶背面产生圆形小白斑，发病中后期出现肉眼可见白色粉状物，病斑布满叶片，叶缘向内卷曲变形；果实感染一般是花瓣、萼片先变成粉红色，随之幼果也泛红至僵果，往后则整个果实布满孢子，失去商品价值（见图7-66、图7-67）。

具体防治方法：选择抗病品种、定植前清理棚室、增加通风换气次数、降低棚内湿度、注意平衡施肥。前期以预防为主，可用

图7-66　白粉病侵染叶片

图7-67　白粉病侵染果实

硫黄熏蒸剂熏蒸、喷施43%氟菌·肟菌酯（露娜森）等药剂进行防治，局部发病时应当局部重点防治，可用乙嘧酚、嘧菌酯等药剂。

（4）细菌性断头病　夏季高温高湿条件下易发生，主要发生在育苗期和缓苗期。初侵染时，将叶片对着阳光，肉眼可见叶片下表面出现水浸状红褐色不规则形病斑。病斑逐渐扩大后融合成一体，湿度大时叶背可见菌脓，干燥条件下成一薄膜，病斑常在叶尖或叶缘处，叶片发病后常干缩破碎；随着病害加剧，病菌侵染至草莓植株根茎处，最后形成空心，在根茎处断裂（见图7-68）。

图7-68　细菌性断头病侵染叶片

具体防治方法：加强通风透气，摘除病叶并集中烧毁，喷施噻唑锌等三唑类杀菌剂、春雷霉素、中生菌素、四霉素等。

图7-69　红中柱根腐病

（5）红中柱根腐病　生产全周期都可发生，以夏秋两季为多。为害根系致全株萎蔫死亡，由须根开始变褐，以致所有根系迅速坏死而失去功能；地上部分叶片叶缘发黄坏死，切开心茎，心茎由内向外发褐至全株枯黄死亡（见图7-69）。

具体防治方法：根灌烯酰吗啉、噁霉灵、精甲·咯菌腈（亮盾）、霜霉威等。

12.虫害防治

（1）红蜘蛛　主要发生在9～11月、次年2～6月高温时期。为害草莓的叶螨以成螨、若螨群聚叶背吸取汁液，初期叶背面出现零星褪绿斑点，发病较重时白色小点布满叶片，形成干枯片状伤口，最终叶片卷曲形成白色网状，植株生长受限，严重影响产量和果实品质（见图7-70）。

图7-70　红蜘蛛为害草莓叶片

具体防治方法：以防为主，喷施的药剂应当考虑能一次性杀灭若虫、成虫及卵。可喷施联苯肼酯、乙螨唑、螺螨酯等。

（2）蚜虫　主要发生在夏秋以及晚春时期。为害草莓的叶片、心茎。以成虫、若虫群集于心茎、花蕾、顶芽等部位，刺吸汁液，使叶片皱缩、卷曲。易传染病毒病，严重时引起植株死亡（见图7-71）。

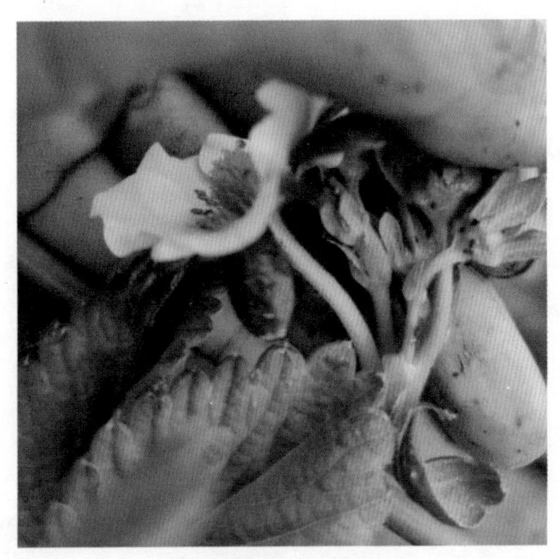

图7-71　蚜虫为害花朵

具体防治方法：喷施吡虫啉、吡蚜酮、啶虫脒、氟啶虫酰胺等药剂。

（3）蓟马　主要发生在9～11月、次年2～6月高温时期。为害草莓心叶、花和幼果，造成叶片扭曲，果实表面褐化成斑，膨大受阻，发育不良。

具体防治方法：种植前做好清园杀虫工作，草莓发育期内及时清除病残花果及杂草。可贴粘虫板（蓝色）诱杀蓟马成虫；也可用乙基多杀菌素、啶虫脒、吡丙醚、40%溴酰·噻虫嗪等药剂防治。

13.非生物性病害

（1）低温胁迫　容易发生在晚秋时节。冻害发生后，叶片皱缩干裂，花蕾变形、柱头黑褐化，失去膨大能力；幼果受冻后表面褐化，切开后部分果肉呈水渍透明状。

具体防治方法：及时关注天气预报，控制棚室夜间温度在8℃以上，降温前可喷施芸苔素内酯、碧护等植物生长调节剂提高植株抗性。

（2）盐胁迫　叶边缘聚集大量白色晶体，严重时发生干焦、灼伤，挖开植株时新根受损发褐，严重时引起植株矮化、死亡。

具体防治方法：灌溉水经过纯化后使用、基质使用前经过反复冲洗，去除盐分；控制施肥量，肥料尽量不要混合施用，发生盐害后及时冲洗基质。

（3）缺铁　缺铁易发生于嫩叶，叶片和叶脉间失绿。当中度缺铁时，植株会由开始的失绿或黄化转为绿色。当植株缺铁严重时，新长出的小叶和新成熟的小叶都会变白或黄化，叶片边缘坏死，叶片边缘的叶脉间变褐坏死。

具体防治措施：调节土壤酸碱度，使用土壤改良剂，使基质中pH值达到6～6.5；也可冲施海藻素、黄腐酸等养根肥料，改善根际环境，促进根系生长，进而提升根系吸收能力，结合叶面喷施0.2%～0.5%的硫酸亚铁溶液2～3次效果更佳。

（4）缺钙　缺钙首先受害的是嫩叶和分生区。一般多发生在草莓现蕾时，新叶端部产生褐变或干枯，小叶展开后不恢复正常。进而果实发育着色减慢，幼叶叶缘坏死，根尖生长受阻和生长点受害。果实果皮薄而鲜亮，果肉发软、味酸。

具体防治方法：增施有机肥提高基质肥力，改善基质理化性状，提高钙的利用率。在现蕾前乃至果实成熟后应当冲施流体钙、糖醇钙等钙肥，也可叶面喷施0.3%硝酸钙水溶液或高钙叶面肥，可减轻缺钙现象。

（5）缺钾　缺钾时，初生叶片发生片状干褐现象，随之功能叶干枯，导致灼伤。灼伤向叶脉之间的中心发展，最终导致叶片干枯坏死。

具体防治措施：追施速效高钾水溶肥，在花前追施最佳；也可叶喷浓度0.3%～0.5%的磷酸二氢钾。

（6）缺氮　缺氮时，植株生长缓慢，矮小，叶片失绿发黄，有徒长倾向，花芽分化延迟，花芽数量减少，果实小而软、坐果能力严重下降，产量低，品质差。

具体防治方法：施足基肥，发现缺氮时追施尿素等含氮肥料，可叶喷也可根施追肥。

第二节　葡萄无土栽培技术

一、设施葡萄无土栽培的概况

我国无土栽培的研究和生产应用始于20世纪70年代，起初主要是水稻无土育秧、蔬菜作物无土育苗。1980年全国成立了蔬菜工厂化育苗协作组，除研究无土育苗外，还进行了保护地无土栽培技术研究。

2010年，中国农业科学院果树研究所在国内首先开展了葡萄无土栽培技术的研究，并于2016年获得成功。经过多年科研攻关，在对葡萄矿质营养年吸收运转需求规律研究的基础上，研发出配套无土栽培设备，筛选出设施无土栽培适宜品种（87-1和京蜜最佳，其次是夏黑和金手指）和砧木（以华葡1号效果最佳），研制出无土栽培营养液，制定出葡萄无土栽培技术规程，使中国成为世界上第一个葡萄无土栽培取得成功的国家（见图7-72～图7-74）。

图7-72　葡萄无土栽培生长状

图7-73　葡萄无土栽培应用实例

图7-74　葡萄无土栽培结果状

二、设施葡萄无土栽培的原理

（一）各元素需求量在不同生育阶段的吸收分配比例

以贝达嫁接的葡萄品种‘87-1’为例，各元素在不同生育阶段的吸收分配比例不同，具有明显的季节特异性（见图7-75）。氮在各个生育阶段的吸收比例较为均衡，分配比例在13%～19.2%之间，其中萌芽期-始花期、转色期-成熟期、成熟期-落叶期分配比例较高约为19%，始花期-末花期分配比例最小为13.0%；磷同样是在成熟期-落叶期吸收分配比例最高为33.8%，其次是转色期-成熟期为24.6%，在始花期-末花期吸收分配比例最小为8.3%；钾在末花期-种子发育期的吸收分配比例最大，其次是萌芽期-始花期，吸收比例分别为25.0%、21.1%，在种子发育期-转色期吸收比例最小为10.0%，其余各时期的吸收分配比例大小依次为成熟期-落叶期＞转色期-成熟期＞始花期-末花期；钙在成熟期-落叶期吸收最多，吸收分配比例为37.5%，其次为转色期-成熟期，吸收分配比例为21.9%，种子发育期-转色期吸收量最少，吸收分配比例仅为6.7%；镁在成熟期-落叶期的吸收分配比例最大为42.6%，其次为转色期-成熟期，分配比例为15.5%，在萌芽期-始花期分配比例最小为7.6%。

硼在末花期-种子发育期的吸收分配比例最大为19.9%，其余各时期的吸收分配比例大小依次为萌芽期-始花期＞成熟期-落叶期＞转色期-成熟期＞种子发育期-转色期＞始花期-末花期，其中始花期-末花期吸收分配比例最小为10.4%；铜在成熟期-落叶期的吸收分配比例最大为41.1%，始花期-末花期的吸收分配比例最小为8.1%；铁在成熟期-落叶期吸收最多，其次为转色期-成熟

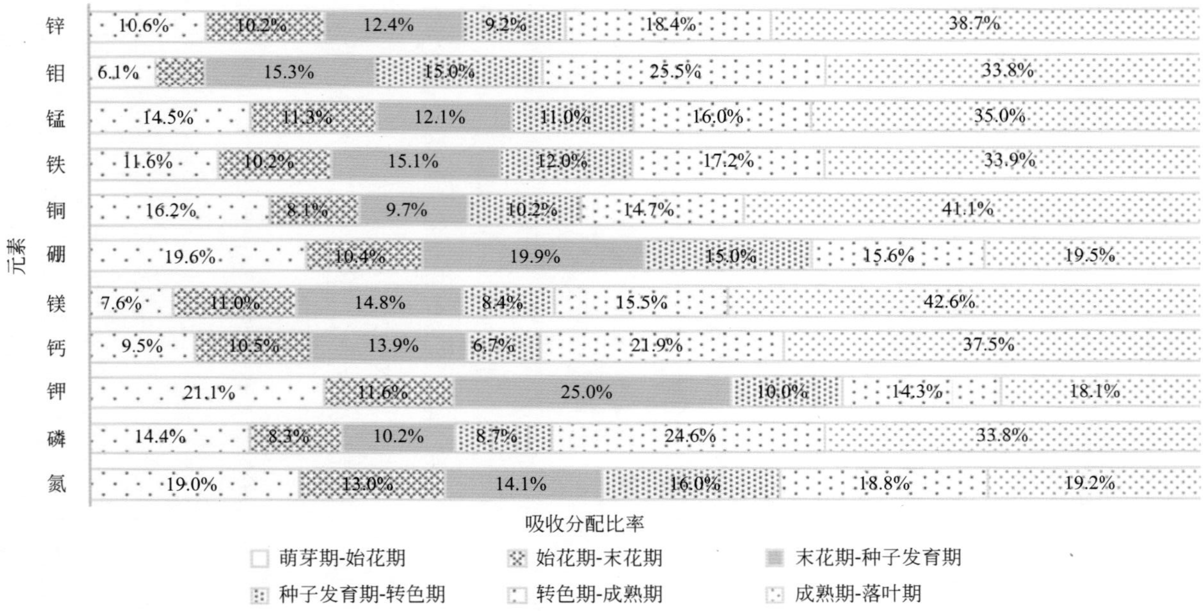

元素 / 吸收分配比率

锌 10.6% 10.2% 12.4% 9.2% 18.4% 38.7%
钼 6.1% 15.3% 15.0% 25.5% 33.8%
锰 14.5% 11.3% 12.1% 11.0% 16.0% 35.0%
铁 11.6% 10.2% 15.1% 12.0% 17.2% 33.9%
铜 16.2% 8.1% 9.7% 10.2% 14.7% 41.1%
硼 19.6% 10.4% 19.9% 15.0% 15.6% 19.5%
镁 7.6% 11.0% 14.8% 8.4% 15.5% 42.6%
钙 9.5% 10.5% 13.9% 6.7% 21.9% 37.5%
钾 21.1% 11.6% 25.0% 10.0% 14.3% 18.1%
磷 14.4% 8.3% 10.2% 8.7% 24.6% 33.8%
氮 19.0% 13.0% 14.1% 16.0% 18.8% 19.2%

萌芽期-始花期　始花期-末花期　末花期-种子发育期
种子发育期-转色期　转色期-成熟期　成熟期-落叶期

图7-75　设施‘87-1’葡萄不同元素在各生育阶段的吸收分配比率（2017 ~ 2018连续2年的平均值，图中百分值为某阶段元素需求量占全年元素需求量的比例）

期，吸收分配比例分别为33.9%、17.2%，在始花期-末花期的吸收分配比例最小为10.2%；锰的吸收分配比例在成熟期-落叶期最高为35.0%，在种子发育期-转色期吸收分配比例最小，为11.0%；钼在成熟期-落叶期吸收最多，其次为转色期-成熟期，吸收分配比例分别为33.8%、25.5%，在始花期-末花期吸收比例最小，仅为4.3%；锌在成熟期-落叶期吸收最多，占全年吸收量的38.7%，在种子发育期-转色期吸收最少，吸收分配比例为9.2%，其他各生育阶段的吸收分配比例大小依次为，转色期-成熟期＞末花期-种子发育期＞始花期-末花期＞萌芽期-始花期。

（二）各生育阶段大量元素与微量元素的吸收比例

以贝达嫁接的葡萄品种‘87-1’为例，各生育阶段，不同矿质元素的吸收比例不同，具有明显的元素特异性（见表7-1）。萌芽期-始花期，氮、磷、钾、钙、镁的吸收总量为6.321g/株，其中钾吸收最多为2.225g/株，镁的吸收量最小为0.179g/株，氮、磷、钾、钙、镁吸收比例约为10∶3∶11∶7∶1；硼、铜、铁、锰、钼、锌在此阶段的吸收总量为81.424mg/株，其中铁吸收最多为51.342mg/株，钼的吸收最少为0.110mg/株，各元素的吸收比例约为10∶8∶140∶48∶0.3∶16。始花期-末花期，氮、磷、钾、钙、镁的吸收总量为4.658g/株，其中钙吸收最多为1.475g/株，占总吸收量的31.66%，镁吸收最少为0.260g/株，占吸收总量的5.58%；硼、铜、铁、锰、钼、锌在此阶段的吸收总量为68.056mg/株，各元素吸收比例约为10∶8∶232∶70∶0.3∶20。末花期-种子发育期，氮、磷、钾、钙、镁的吸收总量为6.825g/株，其中钾吸收最多为2.626g/株，为氮吸收量的1.8倍，镁吸收最少为0.350g/株，为氮吸收量的0.2倍；硼、铜、铁、锰、钼、锌在此阶段的吸收总量为93.583mg/株，各元素的吸收比例约为10∶5∶178∶39∶0.7∶18。种子发育期-转色期，氮、磷、钾、钙、镁的吸收总量为4.22g/株，其中氮的吸收最多为1.655g/株，镁吸收最少为0.198g/株，氮、磷、钾、钙、镁的吸收比例约为10∶2∶6∶6∶1；硼、铜、铁、锰、钼、锌在此阶段的吸收总量为76.152mg/株，各元素的吸收比例约为10∶7∶189∶48∶0.9∶18。转色期-成熟期，氮、磷、钾、钙、镁的吸收总量为7.939g/株，其中钙吸收最多为3.078g/株，是氮吸收量的1.6倍，镁吸收最少为0.365g/株，各元素的吸收比例为10∶5∶8∶16∶2；硼、铜、铁、锰、钼、锌在此阶段的吸收总量为111.2mg/株，各元素的吸收比例为10∶9∶260∶66∶1.4∶34。成熟期-落叶期，氮、磷、钾、钙、镁的吸收总量为11.614g/株，其中钙吸收最多为5.277g/株，镁吸收最少为1.003g/株。各元素的吸收比例为10∶7∶10∶27∶5；硼、铜、铁、锰、钼、锌在此阶段的吸收总量为224.612mg/株，各元素的吸收比例为10∶21∶410∶116∶1.5∶58。

表7-1 不同生育阶段各矿质元素吸收比例

生育阶段	各元素比例	
	氮∶磷∶钾∶钙∶镁	硼∶铜∶铁∶锰∶钼∶锌
萌芽期-始花期	10∶3∶11∶7∶1	10∶8∶140∶48∶0.3∶16
始花期-末花期	10∶3∶9∶11∶2	10∶8∶232∶70∶0.3∶20
末花期-种子发育期	10∶3∶18∶13∶2	10∶5∶178∶39∶0.7∶18
种子发育期-转色期	10∶2∶6∶6∶1	10∶7∶189∶48∶0.9∶18
转色期-成熟期	10∶5∶8∶16∶2	10∶9∶260∶66∶1.4∶34
成熟期-落叶期	10∶7∶10∶27∶5	10∶21∶410∶116∶1.5∶58
全年	10∶4∶10∶14∶2	10∶10∶236∶65∶1∶29

整个生育期中，氮、磷、钾、钙、镁的吸收比例为10 ：4 ：10 ：14 ：2，吸收总量为41.575g/株，各元素的吸收量大小依次为钙＞钾=氮＞磷＞镁。硼、铜、铁、锰、钼、锌的吸收比例为10 ：10 ：236 ：65 ：1 ：29，吸收总量为655mg/株。各元素的吸收量大小依次为铁＞锰＞锌＞铜、硼＞钼。

（三）氮、磷、钾、钙、镁元素各个生育阶段的吸收速率

以贝达嫁接的葡萄品种‘87-1’为例，氮、磷、钾、钙和镁等各元素吸收速率在不同生育阶段不同，具有明显的季节特异性（见图7-76）。氮在成熟期-落叶期阶段，吸收速率最低仅为12.7mg/d，其他各生育期的吸收速率为45.7 ～ 87.1mg/d。钙在始花期-末花期阶段、末花期-种子发育期、转色期-成熟期阶段的吸收速率较高，为77.6 ～ 93.3mg/d，在其他生育期的吸收速率介于31.1 ～ 49.6mg/d。钾在末花期-种子发育期的吸收速率为125.1mg/d，明显高于其他生育时期，在成熟期-落叶期阶段最小为12.2mg/d。镁、磷各阶段的吸收速率较其他元素较低，在4.2 ～ 31.7mg/d之间。

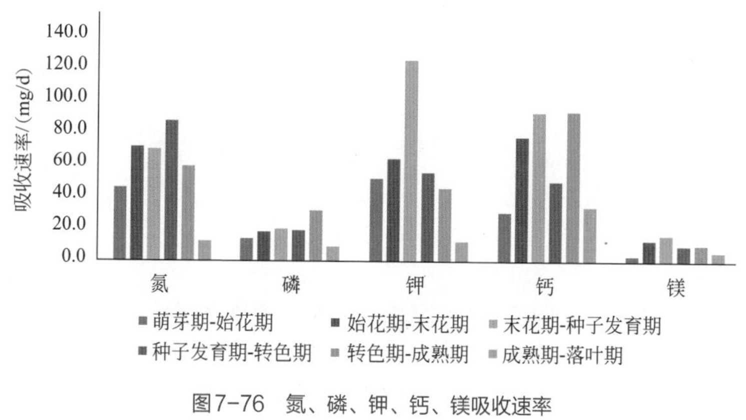

图7-76　氮、磷、钾、钙、镁吸收速率

（四）铁、锰、锌、硼、铜、钼元素各个生育阶段的吸收速率

以贝达嫁接的葡萄品种‘87-1’为例，铁、锰、锌、硼、铜和钼等各元素吸收速率在不同生育阶段不同，具有明显的季节特异性（见图7-77）。铁在末花期-种子发育期吸收速率最高为3.162mg/d，在成熟期-转色期吸收速率最低为0.958mg/d，各生育阶段的吸收速率差别较大。锰在始花期-末花期吸收速率最高为0.718mg/d，在成熟期-落叶期吸收速率最低为0.271mg/d。锌吸收速率在末花期-种子发育期最高为0.322mg/d，在萌芽期-始花期最低为0.134mg/d。硼吸收速率在末花期-种子发育期最高为0.178mg/d，在成熟期-落叶期最低为0.023mg/d。铜吸收速率在种子发育期-转色期最高为0.099mg/d，在成熟期-落叶期最低。钼的吸收速率在整个生育期变化不大，且吸收速率在所有元素中最小。

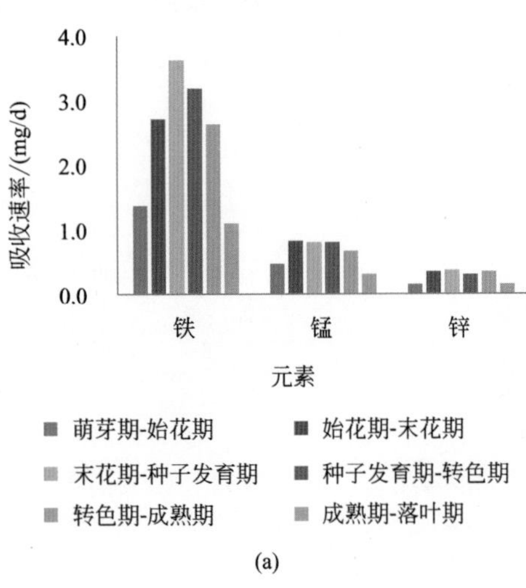

(a)

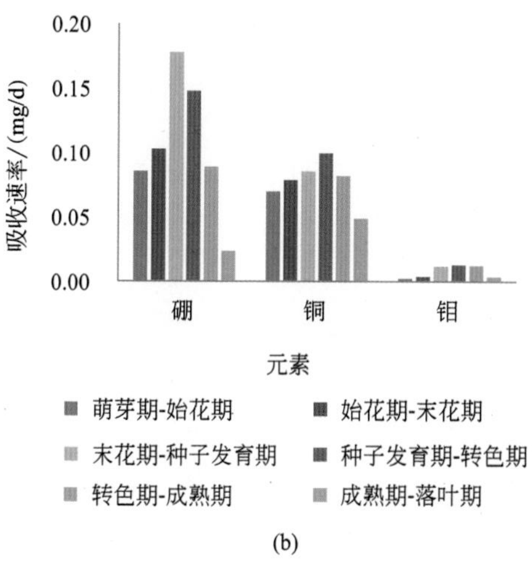

图7-77　铁、锰、锌、硼、铜、钼吸收速率

（五）各生育阶段及周年对矿质元素的需求量

以贝达嫁接的葡萄品种‘87-1’为例，根据单株各元素需求量及实际产量，换算出设施葡萄‘87-1’每生产1000kg果实对各元素的阶段需求量及周年需求量如表7-2所列。生产1000kg果实全年需求氮5.71kg、磷2.35kg、钾5.79kg、钙7.74kg、镁1.30kg、硼10.31g、铜10.13g、铁242.84g、锰66.48g、钼0.88g、锌29.66g。

表7-2　生产1000kg果实各矿质元素需求量

矿质元素	萌芽期-始花期	始花期-末花期	末花期-种子发育期	种子发育期-转色期	转色期-成熟期	成熟期-落叶期	全年
氮/kg	1.08	0.74	0.81	0.91	1.07	1.09	5.71
磷/kg	0.34	0.19	0.24	0.20	0.58	0.79	2.35
钾/kg	1.23	0.67	1.45	0.58	0.83	1.05	5.79
钙/kg	0.74	0.81	1.07	0.52	1.69	2.91	7.74

续表

矿质元素	萌芽期 - 始花期	始花期 - 末花期	末花期 - 种子发育期	种子发育期 - 转色期	转色期 - 成熟期	成熟期 - 落叶期	全年
镁 /kg	0.10	0.14	0.19	0.11	0.20	0.55	1.30
硼 /g	2.02	1.07	2.05	1.54	1.61	2.01	10.31
铜 /g	1.64	0.82	0.98	1.04	1.49	4.16	10.13
铁 /g	28.27	24.83	36.56	29.11	41.78	82.30	242.84
锰 /g	9.66	7.51	8.07	7.33	10.61	23.30	66.48
钼 /g	0.05	0.04	0.13	0.13	0.22	0.30	0.88
锌 /g	3.18	3.20	3.72	2.76	5.53	11.59	29.66

三、设施葡萄无土栽培的类型

（一）无基质栽培

栽培作物没有固定根系的基质，根系直接与营养液接触，又分为水培和雾培两种。由于葡萄植株巨大，无基质栽培在设施葡萄无土栽培中极少应用。

1.水培

水培是指不借助基质固定根系，使植物根系直接与营养液接触的栽培方法。主要包括深液流水培、营养液膜栽培和浮板毛管栽培。

（1）深液流水培　营养液层较深，根系伸展在较深的液层中，每株占有的液量较多，因此营养液浓度、溶解氧、酸碱度、温度以及水分存量都不易发生急剧变动，为根系提供了一个较稳定的生长环境。

（2）营养液膜栽培　是一种将植物种植在浅层流动的营养液中的水培方法。该技术因液层浅，作物根系一部分浸在浅层流动的营养液中，另一部分则暴露于种植槽内的湿气中，可较好地解决根系需氧问题，但由于液量少，易受环境温度影响，要求精细管理。

（3）浮板毛管栽培　采用栽培床内设浮板湿毡，解决水气矛盾；采用较长的水平栽培床储存大量的营养液，有效地克服了营养液膜栽培的缺点，作物根际环境条件稳定，液温变化小，不怕因临时停电而影响营养液的供给。

2.雾培

雾培又称气培或气雾培，是利用过滤处理后的营养液在压力作用下通过雾化喷雾装置，将营养液雾化为细小液滴，直接喷射到植物根系以提供植物生长所需的水分和养分的一种无土栽培技术。雾培是所有无土栽培技术中根系的水气矛盾解决得最好的一种形式，能使作物产量成倍增长，也易于自动化控制和进行立体栽培，提高温室空间的利用率。但它对装置的要求极高，大大限制了它的推广利用。

（二）基质栽培

基质栽培的特点是栽培作物的根系由基质固定。它是将作物的根系固定在基质中，通过滴灌或细流灌溉的方法，供给作物营养液。基质栽培具有水、肥、气三者协调，设备投资较低，生产性能优良而稳定的优点；缺点是栽培基质体积较大，填充、消毒及重复利用时的残根处理费时费工，困难较大。基质栽培是设施葡萄无土栽培的主要类型。

1.基质的作用

（1）固定作用　支持和固定作物是基质的最基本作用，使作物保持直立而不倾倒，同时有利于植物根系的附着和发生，为植物根系提供良好的生长环境。

（2）保持水分和空气　基质要有较强的保持水分和吸附足量空气的能力，满足作物生长发育的需要。

（3）缓冲作用　基质要有为根系提供稳定环境的能力，可以减轻或化解外来物质或根系分泌物等有害物质的危害。

2.基质的种类

（1）按基质来源　分为天然基质和人工合成基质。其中天然基质主要有砂、砾石、河砂等，成本低，在我国使用广泛；人工合成基质主要有岩棉、泡沫塑料和多孔陶粒等，一般成本要高于天然基质。

（2）按基质成分组成　分为无机基质与有机基质。其中无机基质由无机物组成，不易被微生物分解，使用年限较长，但有些无机基质大量积累易造成环境污染，主要有砂、砾石、岩棉、珍珠岩和蛭石等；有机基质由有机残体组成，易被微生物分解，不易对环境造成污染，主要有树皮、蔗渣和稻渣等。

（3）按基质性质　分为惰性基质和活性基质两类，其中惰性基质本身无养分供应或不具有阳离子代换量，主要有砂、砾石和岩棉等；活性基质具阳离子代换量，本身能供给植物养分，主要有泥炭和蛭石等。

（4）按使用时组分不同分类　分为单一基质和复合基质。以一种基质作为生长介质的，如砂培、砾培、岩棉培等，都属于单一基质；复合基质是由两种或两种以上的基质按一定比例混合制成的基质，复合基质可以克服单一基质过轻、过重或通气不良的缺点。

3.理想基质的要求

评价基质性能优劣的理化指标主要有容重、孔隙度、大小孔隙比、粒径大小、pH值、电导率（EC）、阳离子交换量（CEC）、碳氮比、化学组成及稳定性、缓冲能力等，理想的基质应具备如下条件：① 具有一定弹性，既能固定作物又不妨碍根系伸展；② 结构稳定，不易变形变质，便于重复使用时消毒处理；③ 本身不携带病虫草害；④ 本身是一种良好的土壤改良剂，不会污染土壤；⑤ 绝热性能好；⑥ 日常管理方便；⑦ 不受地区性资源限制，便于工厂化批量化生产；⑧ 经济性好，成本低。

4.常用基质

（1）岩棉　是60%辉绿石、20%的石灰石和20%的焦炭混合物在1600℃下熔融，然后高速离心成的0.005mm的硬质纤维，具有良好的水气比例，一般为2 ∶ 1左右，持水力和通气性均较好，总孔隙度可达96%左右，是一种性能优越的无土栽培基质。岩棉经高温制成而无菌，且属惰性，不易被分解，不含有机物。岩棉容重小，搬运方便，但由于加工成本高，价格较贵，难以全面推广应用。加之岩棉不易被分解、腐烂，大量积聚的废岩棉会造成环境污染，因而岩棉的再利用是值得进一步研究的课题。

（2）泥炭　又称草炭、草煤、泥煤，由植物在水淹、缺氧、低温、泥沙掺入等条件下未能充分分解而堆积形成，是煤化程度最浅的煤，由未完全分解的植物残体、矿物质和腐殖质等组成。具有吸水量大、养分保存和缓冲能力强、通气性差、强酸性等特点，根据形成条件、植物种类及分解程度分为高位泥炭、中位泥炭和低位泥炭三大类，是无土栽培常用的基质。泥炭不太适宜直接用于无土栽培用基质，多与一些通气性能良好的栽培基质混合或分层使用，常与珍珠岩、蛭石、砂等配合使用。泥炭和蛭石特别适宜于无土栽培经验不足的使用者，其稳定的环境条件会使栽培者获得很好的使用效果。

（3）蛭石　蛭石是很好的无土栽培基质，是由云母类无机物加热至800～1000℃形成的一种片状、多孔、海绵状物质，容重很小，运输方便，含较多的钙、镁、钾、铁，可被作物吸收利用。具有吸水性强、保水保肥能力强、透气性良好等特点。但蛭石在运输、种植过程中不能受重压且不宜长期使用，否则，孔隙度减少，排水、透气能力降低。一般使用1～2次后，可以作为肥料施用到大田中。

（4）珍珠岩　由灰色火山岩（铝硅酸盐）颗粒于1000℃下膨胀而成。珍珠岩具有透气性好、含水量适中、化学性质稳定、质轻等特点，可以单独用作无土栽培基质，也可以和泥炭、蛭石等混合使用。浇水过猛、淋水较多时易漂浮，不利于固定根系。

（5）炉渣　煤燃烧后的残渣，几乎有锅炉的地方均可见到，取材方便、成本低、来源广、透气性好，用作无土栽培基质是合适的。炉渣含有一定的营养物质，含有多种微量元素，偏酸性。

（6）砂　是最早和最常用的无土栽培基质，尤以河砂为好，取材方便，成本低，但运输成本高。砂作无土栽培基质的特点：含水量恒定，透气性好，很少传染病虫害，能提供一定量钾肥，生产上使用粒径在0.5～3mm的砂子作基质可取得较好的栽培效果，如果砂的厚度在30cm以上，1mm以下的粒径应尽量少，以避免影响根系的通气性。缺点是砂不保水不保肥。砂的pH一般近中性，受地下水pH的影响亦可偏酸或偏碱性。

（7）砾石　直径较大，持水力很差，但其通气性很好，适宜放在栽培基质的最底层，以便于作物根系通气和过剩营养液的排出。一般砾石不单独使用，多放在底层，并进行纱网隔离；上层放较细的其他基质。

（8）椰糠　理化性状适宜，我国海南等地资源丰富，是合成有机栽培基质的理想材料。

（9）锯末　是一种便宜的无土栽培基质，具有轻便、吸水透气等特点。但在北方干燥地区，由于锯末的通透性过强，根系容易风干，造成植株死亡，因此最好掺入一些泥炭配成混合基质。以阔叶树锯末为好，但要注意有些树种的化学成分有害。

（10）陶粒　在约800℃温度下烧制而成，赤色或粉红色。陶粒内部结构松，孔隙多，类似蜂窝状，质量轻，具有保水透气性能良好、保肥能力适中、化学性质稳定、安全卫生等特点，是一种良好的无土栽培基质。

（11）复合基质　由两种或几种基质按一定比例混合而成，应用效果较好的基质配方主要有以下几种。

① 无机复合基质：陶粒∶珍珠岩=2∶1；蛭石∶珍珠岩=1∶1；炉渣∶砂=1∶1。

② 有机无机复合基质：草炭∶蛭石=1∶1；草炭∶珍珠岩=1∶1；草炭∶炉渣=1∶1；椰糠∶珍珠岩=1∶1；草炭∶锯末=1∶1；草炭∶蛭石∶锯末=1∶1∶1；草炭∶蛭石∶珍珠岩=（1～2）∶1∶1；草炭∶砂∶珍珠岩=1∶1∶1。

此外，树皮、甘蔗渣、稻壳、秸秆和生物炭等均可用作无土栽培基质。值得注意的是，不同粒径、不同厚度的同一种基质的理化性状会有明显差异，作物根系环境也会不同，栽培管理上应根据基质的实际特性进行相应的管理，机械照搬某项技术可能导致作物生长不良。不同基质按不同的比例混合后会产生差异很大的混合基质，生产上应根据当地资源合理搭配混合基质，以获得最佳的栽培效果。没有差的基质，只有不配套的管理技术。任何一种基质只要充分认识到它的理化特性，并采用合理的配套管理技术，特别是养分和水分管理技术，均会取得满意的结果。

四、设施葡萄无土栽培的常用设备

（一）简易槽式无土栽培装置

1.制作安装

（1）营养液配制系统的制作安装　按图7-78所示将吸水管1（13）及阀门（14）、吸水管2（15）及阀门（16）、三通2（19）、自吸泵（17）和进水管（18）安装到一起即可，所用管材均为外径40mm、壁厚3.7mm的PPR或PE热熔管。

（2）营养液供给与回流系统的制作安装

① 营养液供给系统的制作安装。按图7-78所示将时控开关（2）、潜水泵（1）、营养液过滤器（3）、营养液供给管（4）、三通1（20）、营养液供给阀门（5）和营养液滴灌管（6）等安装到一起即可，潜水泵放入长宽深4m×1.5m×2m的储液池（12）内，储液池（12）必须做好防水处理防止营养液渗漏，并且在潜水泵的正下方需开挖直径30cm、深20cm的沉淀坑，用于沉淀杂质；其中营养液供给管所用管材为外径40mm、壁厚3.7mm的PPR或PE热熔管；营养液滴灌管用外径25mm、壁厚2.8mm的PPR或PE热熔管自制或选用商品滴灌管，自制时在热熔管上每隔20cm用手钻打孔径为1mm的出水孔即可。

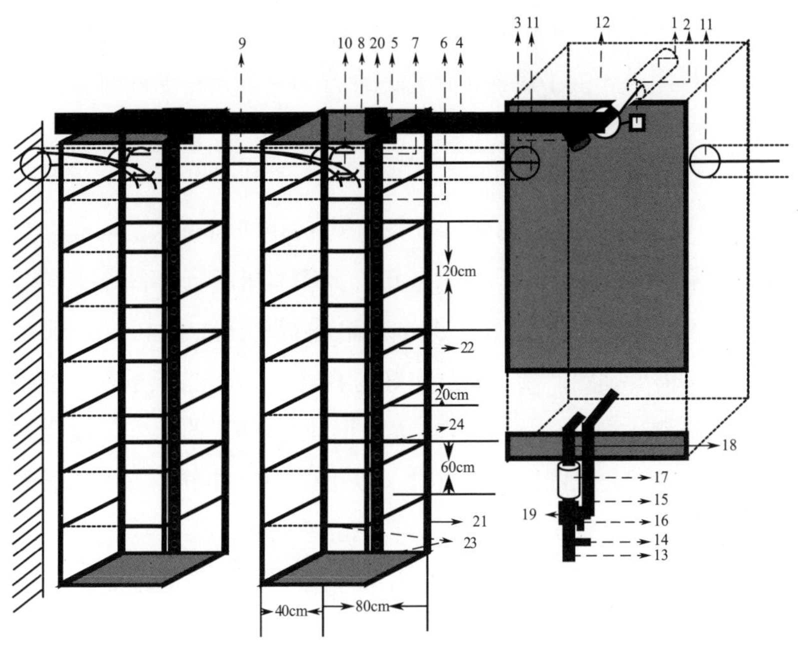

图7-78　果树用简易槽式无土栽培装置结构示意图

1—潜水泵；2—时控开关；3—营养液过滤器；4—营养液供给管；5—营养液供给阀门；6—营养液滴灌管；7—滴灌管出水孔；8—栽培槽；9—营养液回流管；10—营养液回流口；11—营养液回流管口；12—储液池；13—吸水管1；14—吸水管1阀门；15—吸水管2；16—吸水管2阀门；17—自吸泵；18—进水管；19—三通2；20—三通1；21—横撑1；22—竖撑；23—横撑2；24—钢管卡

② 营养液回流系统的制作安装。营养液回流管（9）用外径160mm、壁厚4.0mm的PVC排水管自制即可，首先在PVC排水管上顺排水管方向用无齿锯切开宽80mm、长200mm的营养液回流口（10），营养液回流口（10）位于栽培槽（8）前端的正中间位置，营养液回流口（10）的间距根据栽培槽的间距确定；然后将开好营养液回流口的PVC排水管即营养液回流管（9）埋入地下，

埋设深度以营养液回流口下缘高出地面10mm为宜，营养液回流管的一端封闭，一端于储液池（12）内开口，以便营养液回流入储液池（12）内。

（3）栽培系统的安装

① 栽培槽的制作安装。首先将80mm×200mm×6.0mm的部分方钢管切割成80cm和40cm备用，如图7-78所示将备好的方钢管焊接到一起即成栽培槽（8），栽培槽宽80cm、深40cm，长度根据栽培需要确定；然后将制作好的栽培槽（8）按照适宜间距放置，栽培槽（8）前端放置到营养液回流管（9）的上方，使营养液回流口（10）正好位于栽培槽（8）前端的正中间位置；栽培槽放置时其前端比后端低30cm，方便营养液回流。

② 防水系统的制作安装。首先，将一层园艺地布铺到栽培槽（8）内，防止EVA塑料薄膜被栽培基质撑破，同时将两层EVA塑料薄膜铺到园艺地布上，防止营养液渗漏；其次，将园艺地布和EVA塑料薄膜用塑料卡子固定，防止移动或滑落；再次，在营养液回流口（10）的正上方位置将园艺地布和EVA塑料薄膜剪出宽40mm、长160mm的开口，开口四周用钢卡将园艺地布和EVA塑料薄膜固定到营养液回流管的回流口，防止营养液渗漏；随后，在开口位置铺设两层宽120mm、长200mm的300目的钢丝网，防止栽培基质流失；最后，将钢管卡（24）按照120cm的间距卡到栽培槽的上方，防止栽培槽被栽培基质挤压变形（见图7-79）。

（4）注意事项　所有管材均用黑色塑料或园艺地布包裹，而且栽培槽定植作物后均用厚的黑色地膜包裹，一方面减轻管材、园艺地布及EVA塑料薄膜的老化，另一方面防止营养液滋生绿藻堵塞营养液滴灌管。

图7-79　果树用简易槽式无土栽培装置

2.工作过程

（1）营养液的配制　首先将氮、磷、钾、钙、镁、铁、锰、锌、硼、铜、钼、氯等水溶肥料根据说明按比例和先后顺序投入储液池（12）内，同时开启自吸泵（17）向储液池（12）内加水；最后，待水加到需要量后，通过阀门（14和16）的开闭利用自吸泵（17）将配制的营养液混匀。

（2）营养液的供给与回流　根据作物需要通过时控开关设定营养液供应的起始时间和工作时间，潜水泵开启后营养液依次通过营养液过滤器（3）、营养液供给管（4）和营养液滴灌管（6）到达作物根部，在自身重力作用下多余营养液由栽培槽通过营养液回流口（10）进入营养液回流管（9），最终通过营养液回流管口（11）流回储液池（12）内，完成营养液的供给与回流。

（二）盆式无土栽培装置

1.制作安装

（1）营养液配制系统的制作安装　按图7-80所示将吸水管1（1）及阀门（2）、吸水管2（3）及阀门（4）、三通1（5）、自吸泵（6）和出水管（7）安装到一起即可，所用管材均为PPR或PE热熔管。其中吸水管1（1）与水井或自来水管相连；吸水管2（3）和出水管（7）放入储液池的两头，在自吸泵作用下使营养液在储液池内循环混匀。

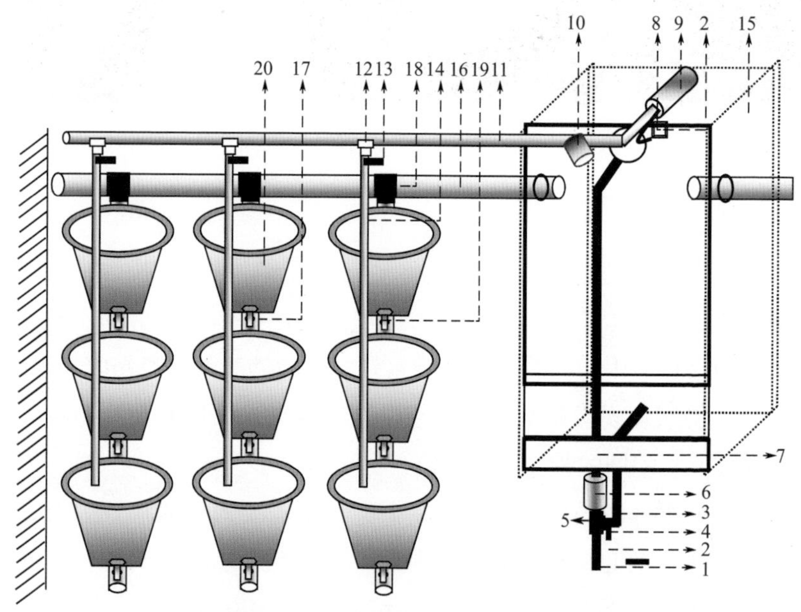

图7-80　果树用盆式无土栽培装置结构示意

1—吸水管1；2—吸水管1阀门；3—吸水管2；4—吸水管2阀门；5—三通1；6—自吸泵；7—出水管；8—时控开关；9—潜水泵；10—营养液过滤器；11—营养液供给管；12—三通2；13—营养液供给阀门；14—营养液滴灌管；15—储液池；16—营养液回流主管；17—营养液回流支管；18—变径三通；19—营养液回流毛管；20—盆式栽植容器

（2）营养液供给与回流系统的制作安装

① 营养液供给系统的制作安装。按图7-80所示将时控开关（8）、潜水泵（9）、营养液过滤器（10）、营养液供给管（11）、三通2（12）、营养液供给阀门（13）和营养液滴灌管（14）等安装

到一起即可，潜水泵放入储液池（15）内，储液池（15）需做防水处理，并且在潜水泵的正下方开挖沉淀坑，用于沉淀杂质；其中营养液供给管所用管材为PPR或PE热熔管；营养液滴灌管可用PPR或PE热熔管自制或选用商品滴灌管。

② 营养液回流系统的制作安装。营养液回流主管（16）和营养液回流支管（17）用变径三通（18）连接。营养液回流主管（16）的一端封闭，一端于储液池（15）内开口，以便营养液回流入储液池（15）内。营养液回流支管（17）的一端封闭，一端通过变径三通（18）与营养液回流主管（16）联通，以便营养液回流入营养液回流主管（16）。营养液回流支管（17）的间距根据定植果树的行距而定，一般为1.0 ～ 3.0m；在营养液回流支管（17）上打孔安装营养液回流毛管（19），营养液回流毛管（19）的间距根据盆式栽植容器（20）的间距而定，盆式栽植容器（20）的间距根据定植果树的株距而定，一般为0.5 ～ 1.0m。

（3）栽培系统的安装　将营养液回流毛管（19）安装到盆式栽植容器（20）的底部与盆式栽植容器（20）成为一个整体，然后将其安装到营养液回流支管（17）上。安装完毕后，首先在盆式栽植容器（20）的底部铺设钢丝网和纱网；然后装填1/4的石子，以便营养液顺利回流；最后装填3/4的珍珠岩备用（见图7-81）。

图7-81　果树用盆式无土栽培装置

（4）注意事项　所有管材和栽培容器均用黑色塑料或园艺地布包裹，一方面减轻管材老化，另一方面防止营养液滋生绿藻堵塞营养液滴灌管。

2.工作过程

（1）营养液的配制　首先将氮、磷、钾、钙、镁、铁、锰、锌、硼、铜、钼、氯等水溶肥料根据说明按比例和先后顺序投入储液池（15）内，同时开启自吸泵（6）向储液池（15）内加水；最后，待水加到需要量后，通过阀门（2和4）的开闭利用自吸泵（6）将配制的营养液混匀。

（2）营养液的供给与回流　根据果树需要通过时控开关设定营养液供应的起始时间和工作时间，潜水泵开启后营养液依次通过营养液过滤器（10）、营养液供给管（11）和营养液滴灌管（14）到达果树根部，在自身重力作用下多余营养液由盆式栽植容器（20）通过营养液回流毛管（19）进入营养液回流支管（17），然后进入营养液回流主管（16），最终通过营养液回流主管（16）流回储液池（15）内，完成营养液的供给与回流。

五、设施葡萄无土栽培的营养液

无土栽培的核心是用营养液代替土壤提供植物生长所需的矿物营养元素和水分，因此在无土栽培技术中，能否为植物提供一种比例协调、浓度适宜的营养液是栽培成功的关键。营养液作为无土栽培中植物根系营养的唯一来源，其中应包含作物生长必需的所有矿物营养元素，即氮（N）、磷（P）、钾（K）、钙（Ca）、镁（Mg）、硫（S）等大中量元素和铁（Fe）、锰（Mn）、硼（B）、锌（Zn）、铜（Cu）、钼（Mo）等微量元素。不同的作物和品种，同一作物不同的生育阶段，对各种营养元素的实际需要有很大的差异。所以，在选配营养液时要先了解不同品种、各个生育阶段对各类必需元素的需要量，并以此为依据来确定营养液的组成成分和比例。营养液要根据当地水源和水质情况合理配制，所有化合物应溶于水且能长时间保持较高的有效性。

（一）经典营养液

1.霍格兰（Hoagland's）水培营养液

霍格兰水培营养液是1933年Hoagland与他的研究伙伴经过大量的对比试验后发表的，这是最原始但到现在依然还在沿用的一种经典配方（见表7-3、表7-4）。

表7-3　霍格兰水培营养液配方

成分	浓度	成分	浓度	成分	浓度
四水硝酸钙	945mg/L	硝酸钾	607mg/L	磷酸铵	115mg/L
七水硫酸镁	493mg/L	铁盐溶液	2.5mL/L	微量元素	5mL/L

表7-4　霍格兰水培营养液微量元素配方

成分	浓度	成分	浓度	成分	浓度
碘化钾	0.83mL/L	硼酸	6.2mL/L	硫酸锰	22.3mL/L
硫酸锌	8.6mL/L	钼酸钠	0.25mL/L	硫酸铜	0.025mL/L
氯化钴	0.025mL/L				

2.斯泰纳（Steiner）营养液

斯泰纳营养液通过营养元素之间的化学平衡性来最终确定配方中各种营养元素的比例和浓度，在国际上使用较多，适合于一般作物的无土栽培（见表7-5）。

表7-5 斯泰纳水培营养液配方

成分	浓度	成分	浓度	成分	浓度
四水硝酸钙	738mg/L	硝酸钾	303mg/L	磷酸二氢铵	136mg/L
七水硫酸镁	261mg/L	乙二胺四乙酸二钠铁	10mg/L	四水硫酸锰	2.5mg/L
硼酸	2.5mg/L	七水硫酸锌	0.5mg/L	五水硫酸铜	0.08mg/L
钼酸铵	0.12mg/L				

3. 日本园试通用营养液

日本园试通用营养液由日本兴津园艺试验场开发提出，适用于多种蔬菜作物，故称之为通用配方（见表7-6）。

表7-6 日本园试通用营养液配方

成分	浓度	成分	浓度	成分	浓度
四水硝酸钙	945mg/L	硝酸钾	809mg/L	磷酸二氢铵	153mg/L
七水硫酸镁	493mg/L	七水硫酸亚铁 二水乙二胺四乙酸二钠 三水乙二胺四乙酸铁钠	13.21mg/L 17.68mg/L 20mg/L	四水硫酸锰	2.13mg/L
硼酸	2.86mg/L	七水硫酸锌	0.22mg/L	五水硫酸铜	0.08mg/L
二水钼酸钠	0.02mg/L				

4. 日本山崎营养液

日本山崎营养液配方为1966～1976年间山崎肯哉在测定各种

蔬菜作物的营养元素吸收浓度的基础上配成适合多种不同作物的营养液配方（见表7-7～表7-10）。

表7-7　日本山崎水培营养液配方（草莓）

成分	浓度	成分	浓度	成分	浓度
四水硝酸钙	236mg/L	硝酸钾	303mg/L	磷酸二氢铵	57mg/L
七水硫酸镁	123mg/L	七水硫酸亚铁 二水乙二胺四乙酸二钠 三水乙二胺四乙酸铁钠	37.2mg/L 27.8mg/L 20～40mg/L	四水硫酸锰	2.13mg/L
硼酸	2.86mg/L	七水硫酸锌	0.22mg/L	五水硫酸铜	0.08mg/L
二水钼酸钠	0.02mg/L				

表7-8　日本山崎水培营养液配方（黄瓜）

成分	浓度	成分	浓度	成分	浓度
四水硝酸钙	826mg/L	硝酸钾	607mg/L	磷酸二氢铵	115mg/L
七水硫酸镁	483mg/L	七水硫酸亚铁 二水乙二胺四乙酸二钠 三水乙二胺四乙酸铁钠	37.2mg/L 27.8mg/L 20～40mg/L	四水硫酸锰	2.13mg/L
硼酸	2.86mg/L	七水硫酸锌	0.22mg/L	五水硫酸铜	0.08mg/L
二水钼酸钠	0.02mg/L				

表7-9 日本山崎水培营养液配方（番茄）

成分	浓度	成分	浓度	成分	浓度
四水硝酸钙	354mg/L	硝酸钾	404mg/L	磷酸二氢铵	77mg/L
七水硫酸镁	246mg/L	七水硫酸亚铁 二水乙二胺四乙酸二钠 三水乙二胺四乙酸铁钠	37.2mg/L 27.8mg/L 20～40mg/L	四水硫酸锰	2.13mg/L
硼酸	2.86mg/L	七水硫酸锌	0.22mg/L	五水硫酸铜	0.08mg/L
二水钼酸钠	0.02mg/L				

表7-10 日本山崎水培营养液配方（甜瓜）

成分	浓度	成分	浓度	成分	浓度
四水硝酸钙	826mg/L	硝酸钾	607mg/L	磷酸二氢铵	153mg/L
七水硫酸镁	370mg/L	七水硫酸亚铁 二水乙二胺四乙酸二钠 三水乙二胺四乙酸铁钠	37.2mg/L 27.8mg/L 20～40mg/L	四水硫酸锰	2.13mg/L
硼酸	2.86mg/L	七水硫酸锌	0.22mg/L	五水硫酸铜	0.08mg/L
二水钼酸钠	0.02mg/L				

现在人们在这些经典配方的基础上，利用更先进更科学的技术手段，优化出许多更适合不同植物生长的营养液配方，并大规模应用于生产，取得了更好的经济效益。例如，中国农业科学院果树研究所在对葡萄矿质营养年吸收运转需求规律研究的基础上，综合考虑化合物的水溶性和有效性，研制出设施葡萄无土栽培营

养液，经多年验证，取得了良好效果并在辽宁、新疆、山东、北京等地进行了示范推广。

（二）设施葡萄无土栽培专用营养液（中国农业科学院果树研究所研发）

1. 营养液的配制

无土栽培营养液分为幼树和结果树两种，幼树包括1号和2号两种配方，结果树包括1～5号五种配方，每种配方均分为A、B、C 3个组分。营养液配制方法：A、B、C均需单独溶解，充分溶解后混匀，切记不能直接混合溶解，否则会出现沉淀，影响肥效。具体配置方法如下：先将A溶解后加入储液池或桶，将A与水充分混匀；然后将B溶解后加入储液池或桶，将B与A溶液充分混匀；最后将C溶解加入储液池或桶，将C与AB溶液混匀备用。不同品种的浓度需求不同，每份营养液‘87-1’和‘京蜜’需用水150L溶解，‘夏黑’和‘金手指’用水75L溶解。在配制营养液时，首先用HNO_3或NaOH将水的pH值调至6.5～7.0为宜。

2. 营养液的使用

（1）幼树-槽式无土栽培

① 育壮期（辽宁兴城萌芽到7月底）。定植后开始，前期育壮，用幼树1号营养液、萌芽前及初期30天更换一次营养液，新梢开始生长每20天更换一次营养液，一般更换5次营养液。萌芽前3～5天循环一次营养液，萌芽后1～3天循环一次营养液。

② 促花期（辽宁兴城8月初到落叶）。促花期开始用幼树2号营养液，每20天更换一次营养液，一般更换4次营养液，每3～5天循环一次营养液；落叶期开始营养液不再更换，每5～7天循环

一次营养液，切忌设施内营养液温度低于0℃。

（2）结果树-槽式无土栽培

① 一年一收栽培模式。萌芽前至花前：结果树1号营养液一般更换2次，萌芽前及萌芽初期每3天循环一次营养液，新梢开始生长至花前每3～5天循环一次营养液。花期：结果树2号营养液一般配制1次，每3～5天循环一次营养液。幼果发育期：结果树3号营养液一般更换3次，每1～3天循环一次营养液。果实转色至成熟采收：结果树4号营养液一般配制1次，如此期超过20天需再更换一次4号营养液，一般每3～5天循环一次营养液，但对于易裂果品种如京蜜需1～2天循环一次营养液，采收前5天停止循环营养液。果实采收后至落叶：结果树5号营养液一般更换4次，每5～7天循环一次。

② 一年两收栽培模式。前期（升温至果实采收结束）同一年一收栽培模式的使用；后期二次果生产：果实采收后1周留6个饱满冬芽修剪（剪口芽叶片和所有节位副梢去除，剪口芽涂抹4倍中国农业科学院果树研究所研发的破眠剂1号），开始二次果生产。萌芽前至花前：结果树1号营养液一般配制1次，萌芽前及萌芽初期每3天循环一次营养液，新梢开始生长至花前每3～5天循环一次营养液。花期：结果树2号营养液一般配制1次，每3～5天循环一次营养液。幼果发育期：结果树3号营养液一般更换3次，每1～3天循环一次营养液。果实转色至成熟采收：结果树4号营养液一般配制1次，如此期超过20天需再更换一次4号营养液，每3～5天循环一次营养液，但对于易裂果品种如京蜜需1～2天循环一次营养液，采收前5天停止循环营养液。果实采收后至落叶：结果树5号营养液一般更换1～2次，每5～7天循环一次。

（3）盆栽无土栽培　营养液配制与上述幼树和结果树营养液

使用相同，只是营养液循环次数改为每天1～3次。

（4）注意事项 温度高水分蒸腾快时酌情缩短营养液循环间隔时间，在营养液使用期内若发现水分损失过快，需适当添加水分，防止营养液浓度过高而出现肥害。

六、设施葡萄无土栽培工作历

以槽式无土栽培基质培为例进行介绍。

（一）幼树

1.育壮期

在辽宁省兴城市，一般萌芽到7月底为育壮期。

（1）整形修剪 萌芽后及时抹除砧木萌蘖和细弱新梢，每株葡萄留一健壮新梢。当新梢长至30～40cm时应及时对所留新梢加以引缚以利于培养健壮新梢，并及时摘除卷须；同时结合品种特性和整形要求，加强副梢管理，一般对副梢留一叶绝后摘心，促使新梢生长健壮和花芽分化；7月底，对新梢进行摘心，促进主蔓发育。

（2）营养液管理 此阶段用幼树1号营养液。萌芽前及初期30天更换一次营养液，新梢开始生长每20天更换一次营养液，一般更换5次营养液。萌芽前3～5天循环一次营养液，萌芽后1～3天循环一次营养液。当新梢长至20～30cm时至7月底止，开始每7天叶面喷施1次含氨基酸的水溶性1号肥料（中国农业科学院果树研究所研制）。

（3）病虫害综合防控 结合叶面喷肥进行病虫害防治，按无公害果品生产要求选择农药。

2.促花期

在辽宁省兴城市，一般8月初到落叶为促花期。

（1）整形修剪　待顶端副梢长至60～80cm时进行第2次摘心，其余副梢留一叶绝后摘心，依次类推，进行第3次、第4次摘心。8月初，叶面可喷施多效唑或PBO或烯效唑，代替主梢摘心，控长促花，喷施次数视葡萄树势而定，一般喷施2～3次即可。设施葡萄一般不提倡进行化学控长促花。

（2）营养液管理　此阶段用幼树2号营养液。每20天更换一次营养液，一般更换4次营养液，每3～5天循环一次营养液；落叶期开始营养液不再更换，每5～7天循环一次营养液，切忌设施内营养液温度低于0℃。从7月底始至落叶前15天止，开始每10～15天叶面交替喷施1次含氨基酸的水溶性2号肥料和5号叶面肥（中国农业科学院果树研究所研制）。

（3）病虫害综合防控　此期结合叶面喷肥继续做好病虫害防治。

（二）结果树一年一收栽培模式

1.催芽至花期

（1）整形修剪

① 抹芽和定梢及新梢绑缚。萌芽后，新梢长至3～4cm时，每3～5天分期分批抹去多余的双芽、三生芽、弱芽和面地芽等；当新梢生长至10cm时，基本已显现花序或5叶1心期后陆续抹除多余的梢，如过密、细弱、面地的梢和外围无花新梢等；当新梢长至40cm左右时，根据整形修剪要求，保留结果母枝上由主芽萌发的带有花序的健壮新梢，而将副芽萌生的新梢抹除去，在植株

主干附近或结果枝组基部保留一定比例的营养枝，用以培养翌年结果母枝，同时保证当年葡萄负载量所需的光合面积。中国农业科学院果树研究所研究表明：在设施葡萄生产中，叶面积指数以3.0左右最为适宜，此时叶幕的光能截获率及光能利用率高，净光合速率最高，果实产量和品质最佳。在土壤贫瘠条件下或生长势弱的品种，亩留梢量4000～6000条时叶面积指数在3.0左右；生长势强旺、叶片较大的品种或在土壤肥沃、肥水充足的条件下，每个新梢需要较大的生长空间和较多的主梢和副梢叶片生长，亩留梢量3000～4000条时叶面积指数即可达3.0左右。

② 定梢结束后及时进行新梢绑蔓，使得葡萄架面新梢分布均匀，通风透光良好。中国农业科学院果树研究所为提高定梢和新梢绑缚效果及效率，提出了定梢绳定梢及新梢绑缚技术，具体操作如下：首先将定梢绳按照新梢适宜间距绑缚固定到铁线上，其中固定主蔓铁线位置定梢绳为死扣，固定新梢铁线位置定梢绳为活扣，便于新梢冬剪；然后于新梢显现花序时根据定梢绳定梢，每一定梢绳留一新梢，多余新梢疏除；待新梢长至50cm左右时将所留新梢缠绕固定到定梢绳上，使新梢在架面上分布均匀。

③ 主梢模式化修剪。坐果率低，需促进坐果的品种：一次成梢、两次成梢和三次成梢技术相比，主梢采取两次成梢技术效果最佳。具体操作如下：在开花前7～10天沿第一道铁丝（新梢长60～70cm时）对主梢进行第一次统一剪截，待坐果后主梢长至120～150cm时，沿第二道铁丝对主梢进行第二次统一剪截。坐果率高，需适度疏果的品种：与一次成梢、两次成梢和三次成梢技术相比，主梢采取一次成梢技术效果最佳。具体操作如下：在坐果后待主梢长至120～150cm时，沿第二道铁丝对主梢进行统一剪截。

④ 副梢模式化修剪。与副梢全去除、留1叶绝后摘心、留2叶绝后摘心和副梢不摘心处理相比，副梢留1叶绝后摘心品质最佳。具体操作：待副梢生长至展3～4片叶时于副梢第一节节位上方1cm处剪截，待第一节节位二次副梢和冬芽萌动时将其抹除，最终副梢仅保留1片叶。

（2）营养液管理　催芽至花前用结果树1号营养液。一般更换2次，萌芽前及萌芽初期每3～5天循环一次营养液，新梢开始生长至花前每3天循环一次营养液。花期用结果树2号营养液。一般配制1次，每3～5天循环一次营养液。

（3）环境调控

① 催芽期温湿度调控标准。第一周白天15～20℃，夜间5～10℃；第二周白天15～20℃，夜间7～10℃；第三周至萌芽白天20～25℃，夜间10～15℃。从升温至萌芽一般控制在25～35天为宜。空气相对湿度要求90%以上。

② 新梢生长期温湿度调控标准。气温白天20～25℃；夜间10～15℃，不低于10℃；空气相对湿度要求60%左右。

③ 花期温湿度调控标准。白天22～26℃；夜间15～20℃，不低于14℃；空气相对湿度要求50%左右。

（4）花果管理

① 花穗整形。无核栽培模式：开花前1周到花初开为最适宜时期。巨峰系如巨峰、藤稔、夏黑、先锋、巨玫瑰、醉金香等品种：在我国南方地区一般留穗尖3～3.5cm，8～10段小穗，50～55个花蕾，400～500g/穗；在我国北方地区一般留穗尖4.5～6.0cm，12～18段小穗，60～100个花蕾，500～700g/穗。二倍体品种如魏可和87-1等品种在我国南方地区一般留穗尖4～5cm，在我国北方地区一般留穗尖5.5～6.5cm。幼树、坐果

不稳定的适当轻剪穗尖（去除5个花蕾左右）。有核栽培模式：巨峰系品种，一般小穗分离，小穗间可以放入手指，大概开花前1～2周到花初开较为适宜。栽培面积较大的情况，先去除副穗和上部部分小穗，到时保留所需的花穗。副穗及以下8～10小穗去除，保留15～20小穗，去穗尖；花穗很大（花芽分化良好）时保留下部15～20小穗，不去穗尖。开花前5～6.5cm为宜，果实成熟时果穗呈圆球形（或圆筒形），单穗重400～700g。二倍体品种：花穗上部小穗和副穗花蕾由开花时到花盛开时结束，对于坐果率高的品种可于花后整穗。为了增大果实，用GA_3处理的，可利用花穗下部16～18段小穗（开花时6～7cm），穗尖基本不去除（或去除几个花蕾）；常规栽培（不用GA_3），花穗留先端18～20段小穗，8～10cm，穗尖去除1cm。

② 疏穗。一般情况下疏穗越早越好。对于生长势较强的品种来说，花前的除穗可以适当轻一些，花后的除穗程度可以适当重一些。对于生长势较弱的品种花前的除穗可以适当重一些。从果实品质和产量综合考虑，亩产量控制在1500～2000kg为宜。中国农业科学院果树研究所研究表明：在单穗重500g左右、新梢长度＞1.2m的条件下，综合考虑果实品质和产量，梢果比以（1∶1）～（1.5∶1）为宜，除去着粒过稀/密的果穗，选留着粒适中的果穗。

（5）病虫害综合防控

① 休眠解除至催芽期。落叶后，清理田间落叶和修剪下的枝条，集中焚烧或深埋或粉碎发酵为堆肥还田，并喷施1次200～300倍80%的必备或1∶0.7∶100倍波尔多液等；发芽前剥除老树皮，于绒球期喷施3～5波美度（°Bé）石硫合剂，而对于去年病害发生严重的葡萄园，首先喷施美胺后再喷施3～5波美

度（°Bé）石硫合剂。

② 2～3叶期。是防治红蜘蛛/白蜘蛛、绿盲蝽、毛毡病、白粉病、黑痘病非常重要的时期。发芽前后干旱，红蜘蛛/白蜘蛛、绿盲蝽、毛毡病和白粉病是防治重点；空气相对湿度大，黑痘病、炭疽病和霜霉病是防治重点。

③ 花序展露期。是炭疽病、黑痘病和斑衣蜡蝉非常重要的防治时期。花序展露期空气干燥，斑衣蜡蝉、红蜘蛛/白蜘蛛、绿盲蝽、毛毡病和白粉病是防治重点；空气相对湿度大，黑痘病、炭疽病和霜霉病是防治重点。

④ 花序分离期。是防治灰霉病、黑痘病、炭疽病、霜霉病和穗轴褐枯病的重要时间点，是开花前最为重要的防治时期。此期还是叶面喷肥防治硼、锌、铁等元素缺素症的关键时期。

⑤ 开花前2～4天。是灰霉病、黑痘病、炭疽病、霜霉病和穗轴褐枯病等病害的防治点。

2.果实发育期

（1）营养液管理　此阶段用结果树3号营养液。一般更换3次，每1～3天循环一次营养液。

（2）环境调控　此期温湿度要求：气温白天25～28℃；夜间20～22℃，不宜低于20℃；空气相对湿度要求60%～70%。

（3）花果管理　于花后2～4周进行疏粒，疏掉果穗中的畸形果、小果、病虫果以及比较密集的果粒，第一次在果粒绿豆粒大小时进行，第二次在果粒黄豆粒至花生粒大小时进行。自然平均粒重在6g以下的品种，每穗留80～100粒为宜；自然平均粒重在6～7g的品种，每穗留60～80粒；自然平均粒重在8～10g的品种，每穗留50～60粒；自然平均粒重大于11g以上的品种，每穗留40～50粒。

（4）病虫害综合防控　① 落花后是防治黑痘病、炭疽病和白腐病的重要时期。如设施内空气相对湿度过大，霜霉病和灰霉病是防治重点，巨峰系品种要注意链格孢菌对果实表皮细胞的伤害；如果空气干燥，白粉病、毛毡病和红蜘蛛/白蜘蛛是防治重点。② 果实发育期要注意霜霉病、炭疽病、黑痘病、白腐病、斑衣蜡蝉和叶蝉等的防治，此期还是防治钙等元素缺素症的关键时期。

3.果实转色至成熟期

（1）整形修剪　浆果开始着色前，可在结果母枝或结果枝基部进行环割或环剥以促进浆果着色，可使葡萄提前3～5天成熟同时显著改善果实品质；在采收前10天左右将果穗以下各节老叶摘除以改善架面通风透光，但如果利用副梢叶，则老叶摘除时间可提前到果实开始成熟时。

（2）营养液管理　此阶段用结果树4号营养液。一般配制1次，如此期超过20天则需更换一次4号营养液，一般每3～5天循环一次营养液，但对于易裂果品种如京蜜需1～2天循环一次营养液，采收前5天停止循环营养液。

（3）环境调控　此期温湿度要求：气温白天28～32℃，夜间14～16℃，不低于14℃，昼夜温差10℃以上；空气相对湿度要求50%～60%。

4.果实采收至落叶期

（1）营养液管理　此阶段用结果树5号营养液。一般更换4次，每5～7天循环一次。

（2）环境调控　同外界温湿度。

（三）结果树一年两收栽培模式

前期（升温至果实采收结束）管理同一年一收栽培模式；果实采收后1周留6个饱满冬芽修剪，同时将剪口芽叶片和所有节位副梢去除，然后剪口芽涂抹3倍中国农业科学院果树研究所研发的破眠剂1号并浇透水，使空气相对湿度保持在90%以上直至萌芽期，促剪口冬芽整齐萌发，开始二次果生产，随后管理同前期。

（四）常用药剂

1.防治虫害的常用药剂

（1）防治红蜘蛛/白蜘蛛和毛毡病等使用杀螨剂如阿维菌素（齐螨素）、苦参碱、哒螨酮、四螨嗪、炔螨特、三唑锡、浏阳霉素、噻螨酮（尼索朗）、螺虫螨酯、硫悬浮剂和螺虫乙酯等。

（2）防治绿盲蝽和斑衣蜡蝉等使用杀虫剂如苦参碱、天然除虫菊素、烟碱、吡虫啉、灭多威、螺虫乙酯、氯氰菊酯等。

2.防治病害的常用药剂

（1）防治白粉病　常用甲氧基丙烯酸酯类（如嘧菌酯、醚菌酯和吡唑醚菌酯）、烯唑醇、哈茨木霉菌、硫悬浮剂、苯醚甲环唑、氟硅唑、氟菌唑、福美双、戊唑醇、抑霉唑（戴挫霉）、丙环唑、三唑酮、枯草芽孢杆菌、石硫合剂等药剂。

（2）防治黑痘病　常用波尔多液、水胆矾石膏、甲氧基丙烯酸酯类（如嘧菌酯）、代森锰锌、烯唑醇、苯醚甲环唑、氟硅唑、抑霉唑（戴挫霉）、戊唑醇、多菌灵等药剂。

（3）防治炭疽病　常用波尔多液、代森锰锌、嘧菌酯、水胆矾石膏、苯醚甲环唑、季铵盐类、甲氧基丙烯酸酯类（如吡唑醚菌酯、嘧菌酯）、抑霉唑、丙环唑、哈茨木霉菌、戊唑醇、福美双等杀菌剂。

（4）防治霜霉病　常用波尔多液、甲氧基丙烯酸酯类、水胆矾石膏、代森锰锌、嘧菌酯、烯酰吗啉、吡唑醚菌酯、甲霜灵、哈茨木霉菌和霜脲氰等杀菌剂。

（5）防治灰霉病　常用波尔多液、福美双、嘧菌酯、嘧霉胺、抑霉唑（戴挫霉）、异菌脲、腐霉利、哈茨木霉菌、多菌灵、多抗霉素、丙环唑和甲氧基丙烯酸酯类等药剂。

（6）防治白腐病　常用波尔多液、代森锰锌、甲氧基丙烯酸酯类、烯唑醇、嘧菌酯、苯醚甲环唑、戊唑醇、抑霉唑（戴挫霉）和氟硅唑等药剂。

（7）防治酸腐病　先摘袋，剪除烂果（烂果不能随意丢在田间，应使用袋子或桶收集到一起，带出田外，挖坑深埋），用80%水胆矾石膏400倍+2.5%联苯菊酯1500倍（+灭蝇胺5000倍）混合液，涮果穗或浸果穗。药液干燥后重新套袋（用新袋）。对于葡萄品种混杂的果园，于早熟品种的转色期，用80%水胆矾石膏400倍+2.5%联苯菊酯1500倍+灭蝇胺5000倍混合液整树喷洒，并配合地面使用熏蒸性杀虫剂。

第三节　桃无土栽培技术

中国农业科学院果树研究所经过多年科研攻关，筛选出了桃无土栽培的适宜品种，研制出了配套的无土栽培设备，研发出了桃无土栽培的营养液和配套管理技术，使中国成为世界上第一个桃无土栽培取得成功的国家。桃无土栽培关键技术如下所述。

一、桃无土栽培的品种选择

遵循管理省工、品质优良、绿色生产、资源高效利用原则选择适宜的砧木和品种，中国农业科学院果树研究所桃课题组经多年研究表明，中桃砧1～3号配合中农珍珠系列品种综合表现最为优良。

（一）中桃砧1～3号

与普通砧木相比，中桃砧1～3号具有枝条生长慢、易成花、免生长抑制剂处理，枝条开张、水平生长、免人工拉枝，促进果实成熟，显著提升果实品质的优点，为桃的机械化、规模化和标准化生产奠定了基础。其中中桃砧1号适合普通土壤、中桃砧2号适合瘠薄土壤、中桃砧3号适合肥沃土壤。

（二）中农珍珠系列品种

1. 中农早珍珠

中农珍珠自然实生后代。树势中庸，树姿半开张；自花结实；离核，果皮底色和果肉均为淡绿色，平均单果重72.9g，可溶性固形物含量14.1%，可滴定酸含量0.54%，维生素C含量56.0mg/kg；果实发育期为90天左右；无需疏果；果实品质佳，耐储运。

2. 中农珍珠

红芙蓉和万寿红杂交后代。树势中庸，树姿开张；自花结实；离核，果皮底色黄白色，果肉白色，平均单果重59.0g，可溶性固形物含量16.4%，可滴定酸含量0.16%，维生素C含量48.5mg/kg；果实发育期为130天左右；无需疏果；果实品质佳，七八成熟时有枣香味；耐储运；抗蚜虫。

3. 中农晚珍珠

中农珍珠自然实生后代。树势中庸；自花结实；离核，果皮底色和果肉均为淡绿色，平均单果重131.2g，可溶性固形物含量16.0%，可滴定酸含量0.34%，维生素C含量52.1mg/kg；果实发育期为170天左右；无需疏果；丰产性强、抗逆性和商品性表现优，耐储运。

二、桃无土栽培的常用基质

常用基质介绍见本章第二节“三、设施葡萄无土栽培的类型”中“4. 常用基质”相关内容。

三、桃无土栽培的常用设备

常用设备介绍见本章第二节“四、设施葡萄无土栽培的常用设备”相关内容。

四、桃无土栽培营养液的配制与使用

（一）桃对矿质营养的年需求规律

1. 全年目标产量的需养分量

以‘春雪’为例，生产1000kg果实，桃对各矿质元素的需求量为氮2.94kg、磷1.11kg、钾4.01kg、钙3.08kg、镁0.76kg、铁37.24g、锰2.26g、锌7.46g、铜1.45g、硼3.03g、钼2.00g。

2.不同生育阶段养分需求量的分配比率

桃树在整个生长发育过程中连续不断地吸收各种矿质养分，对各养分的吸收随生育阶段的变化而变化，不同生育阶段的养分需求量占全年养分需求量的比率见表7-11。

表7-11 不同生育阶段养分需求量占全年的分配比率

单位：%

生育阶段	氮	磷	钾	钙	镁	铁	锰	锌	铜	硼	钼
萌芽期-盛花期	23.0	17.6	0.7	21.7	21.8	7.6	28.8	18.4	31.4	0.4	3.4
盛花期-硬核期	15.9	0.5	33.1	30.6	14.0	5.8	4.8	9.9	10.9	73.9	52.0
硬核期-果实转色期	36.0	32.5	10.2	41.8	46.8	15.3	3.7	19.6	29.1	0.1	19.7
果实转色期-成熟期	22.8	4.9	32.1	1.7	13.6	24.0	40.0	12.2	5.8	1.9	20.0
果实采收期-落叶期	2.3	44.5	23.9	4.3	3.7	47.3	22.7	40.0	22.8	23.6	5.0

（二）营养液的种类与配制

中国农业科学院果树研究所基于桃对矿质营养的年需求规律，在解决二价铁离子氧化的基础上，研发出桃无土栽培的营养液，实现了桃无土栽培营养液的循环利用。

1.无土栽培营养液的种类

无土栽培营养液分为幼树营养液和结果树营养液2种，其中幼树营养液包括1号和2号、结果树营养液包括1～5号，每种营养液分为A、B两大组分。

2. 无土栽培营养液的配制

A、B两大组分均需单独溶解，充分溶解后混匀，切记不能直接混合溶解，以免出现沉淀，影响肥效。在配制营养液时，首先用HNO_3或NaOH将水的pH值调至6.0 ～ 7.0。

（三）营养液的使用

1. 幼树

（1）育壮期　定植后开始，前期育壮（幼树营养液1号），萌芽前及初期，每30天更换1次营养液；新梢开始生长，每20天更换1次营养液，一般更换5次。萌芽前，每3天循环1次营养液；萌芽后，每5天循环1次营养液。

（2）促花期　促花期开始（幼树营养液2号），每20天更换1次营养液，一般更换4次，每5天循环1次营养液；落叶期开始营养液不再更换，每7天循环1次营养液，切忌设施内营养液温度低于0℃。

2. 结果树

（1）萌芽前至花前　结果树1号营养液一般更换2次，萌芽前及萌芽初期每3天循环1次营养液，新梢开始生长至花前每5天循环1次营养液。

（2）花期　结果树2号营养液一般配制1次，每5天循环1次营养液。

（3）幼果发育期　结果树3号营养液一般更换3次，每3 ～ 5天循环1次营养液。

（4）果实转色至成熟采收　结果树4号营养液一般配制1次，

如此期超过20天需再更换1次4号营养液，每3～5天循环1次营养液。

（5）果实采收后至落叶　结果树5号营养液一般更换4次，每5～7天循环1次。

3. 盆栽使用说明

营养液配制与幼树营养液和结果树营养液使用说明相同，只是营养液改为每1～2天循环1～2次。

4. 注意事项

营养液循环周期受基质、天气和树体生长情况影响，需根据实际情况进行合理调整。温度高水分蒸腾快时酌情缩短营养液循环间隔时间，在营养液使用期内若发现水分损失过快，需及时添加水分，防止营养液浓度过高出现肥害。

五、桃无土栽培的配套管理技术

（一）高光效省力化树形与轻简化修剪

1. 高光效省力化树形

采用通风透光性好、光能利用率高，易于整形、管理省工、便于机械化作业，利于生产优质果的树形为宜，例如主干形、对向V形和水平中心干多直立主枝树形等。

2. 轻简化修剪

按照“夏剪为主、冬剪为辅”的原则进行修剪。其中夏剪遵循“过密疏枝，控旺促壮，优选非植物生长调节剂型生长抑制剂，夏剪控头，防止上强下弱”的原则；冬剪遵循“零度以上修剪，定延长枝，竞争枝疏除，单轴延伸，背上背下枝疏除，去强去弱留中庸，去密留稀，枝距同侧30cm，枝组回缩留1～2个结果枝，主干或主枝上直接着生结果枝，结果枝长梢修剪”的原则。

（二）高标准花果管理

1.提高坐果率

采取配置授粉树、花期放蜂、人工授粉、疏花疏果、摘心或喷抑制剂控旺等措施提高坐果率。

2.疏花疏果

一般情况下，根据果枝长度确定留果数量，长果枝3个、中果枝2个、短果枝1个，果实间距10～15cm，最终亩产量为2500～3000kg。中农珍珠系列由于果个小，不需要疏果。

3.艺术果与功能性果品生产

通过贴字和图案晒果或套模具等措施生产艺术果，施用含氨基酸硒、氨基酸锌叶面肥生产富硒、富锌等功能果品，供应中高端市场。

（三）高效病虫害防控

遵循“预防为主、综合防治”的原则进行病虫害防控，结合病虫发生情况适期防治。选择绿色防控措施，如选用抗病虫品种，采取减轻病虫害的栽培模式，采用色板、杀虫灯或性信息素诱杀害虫，利用天敌、微生物、植物源或矿物源农药等；按照病虫害流行和抗药性特点，按照“生产必须、安全为先、风险最小”原则，选用化学农药。优选桃上已登记，或在桃上有农药残留限量标准的农药品种；出口桃必须按照出口国标准要求选用农药。使用农药人员的安全防护和操作按《农药安全使用规范总则》（NY/T 1276—2007）规定执行。严控施药剂量、浓度、次数和安全间隔期，交替使用作用机理不同的农药。

第八章
花卉无土栽培技术

第一节　花卉无土栽培概念及发展前景

一、花卉无土栽培概念

花卉无土栽培是指用不含土壤的材料作为栽培基质来栽培花卉的一种新兴的花卉栽培技术。它的原理是利用人工配制的培养液，代替土壤给花卉生长发育提供充足的营养，使花卉正常生长来完成其整个生命周期。

二、花卉无土栽培的优势

1. 有利于提高花卉的产量和品质，便于产业化栽培

无土栽培的花卉由于营养条件及栽培环境都可人为控制，有利于提高花卉的产量和品质，特别适用于花卉产业化生产及开发，且无杂草、无病虫、清洁卫生。花卉栽培可用于美化、香化、亮化环境，给人以赏心悦目的感觉和心灵空间，特别是在城市住宅空间立体化发展的今天，人们更加追求干净、卫生、温馨、舒适、

漂亮的生存空间。

2. 节约养分、肥水和劳力，减小劳动强度

无土栽培花卉按照花卉生长规律合理配制营养，不需要耕作和除草，全部生产过程利于电子计算机控制，便于花卉生产的工厂化、规模化、标准化、自动化。

3. 适应性广，栽培空间广阔

栽培环境多样化、立体化，栽培条件便于调控，可以在没有土壤的盐碱地、海岛、荒漠种植。

三、花卉无土栽培的发展前景

花卉无土栽培作为一项较新的栽培形式，在我国虽然起步较晚，但其迅猛发展的势头已初步表现出来，今后发展速度将会更快，集约化、自动化、现代化程度也会日益提高，生产效益会进一步提高。作为“世界园林之母”的中国，花卉无土栽培的前景是不可估量的。

1. 在家庭中的应用

利用家庭的庭院、阳台、天台进行花卉无土栽培，既干净卫生、操作简便，又亲近自然、陶冶情操、锻炼身体。家庭花卉无土栽培主要应用有切花和盆花两方面。

2. 在规模化育苗中的应用

无土育苗主要包括播种育苗、扦插育苗和组培育苗。与传统育苗相比，无土育苗省时省工、繁殖系数高、整齐一致、壮苗率高，适宜大规模工厂化育苗。

3. 在科学研究中的应用

无土栽培提供了进行科学研究的实验控制途径，为植物某一机理的研究提供精细控制的培养条件，同时便于观察和研究。

4. 在农村休闲观光中的应用

随着旅游业的不断发展，无土栽培一定程度上解决了土地资源不足、土壤连作等问题，另外无土栽培更注重栽培的艺术性、立体景观效果，可进行人工造字、造景。花卉市场上出现的无土栽培盆景，根系埋在蛭石、苔藓、泥炭等天然或人工合成的基质、水或玻璃瓶中供人们赏玩，置山水景观于掌股间（图8-1）。

(a)　(b)　(c)　(d)　(e)

图8-1　花卉无土栽培的应用

第二节 花卉无土栽培的分类及栽培基质

一、花卉无土栽培的类型

目前，花卉生产上常用的无土栽培类型主要有水培、雾培（气培）和基质培。水培主要用于鲜切花生产，多采用营养液膜技术（NFT）栽培；雾培（气培）是使花卉一直处于含有各种营养元素的饱和的水汽环境中，水汽中的各种营养可供根系和叶面直接吸收；基质培是通过固体基质支持作物根系及提供一定的水分及营养元素，主要有槽栽、袋栽、盆栽、立柱式栽培等栽培形式。

二、花卉栽培基质的选择标准

花卉栽培要根据不同的栽培目的、花卉种类、材料来源选择不同的栽培基质。选择基质的原则：① 要有良好的物理性状、结构和通气性；② 有较强的吸水和保水能力；③ 价格低廉，调制和配制简单；④ 无杂质，无病、虫、菌、异味；⑤ 良好的化学性状，具有较好的缓冲能力和适宜的EC值。

三、常用的栽培基质类型

有机基质［腐叶、泥炭、草炭土、水草（图8-2）、锯末、泡沫塑料、树皮、砻糠等］和无机基质（砾石、砂子、陶粒、岩棉、珍珠岩、蛭石等）。

图8-2　水草基质

第三节　花卉无土栽培的营养液配制

一、花卉营养液通用配方

无土栽培花卉需使用营养液，配制时所用的各种元素及其用量，应根据所栽培花卉的品种及其不同生育期、不同地区来决定。采用离子平衡吸收（合适配比），有花卉植物生长所必需的全元素矿质营养的低电导率营养液。推荐配方如下：

① 大量元素：硝酸钙0.27g，硝酸钾0.13g，磷酸二氢钾0.08g，硫酸镁0.13g。

② 微量元素：乙二胺四乙酸二钠8.0mg，硫酸亚铁5.0mg，硫酸锰1.4mg，硼酸2.0mg，硫酸锌0.07mg，硫酸铜0.04mg，钼酸钠0.09mg。

③ 纯净水：1L（1000mL）。

④ pH值：5.5～6.5。

二、营养液的配制及使用方法

盆花生长期每周浇水1次，每次用量可根据植株大小酌定，例如花盆内径为20cm的喜阳性花卉，每次约浇100mL，耐阴性花卉用量酌减，冬季或休眠期，每半月或1个月浇水1次，平时水分补充仍用自来水，花卉养护与传统方法基本相同。配制营养液时，如用自来水，因其含有氯化物，对花卉有害，应加入少量乙二胺四乙酸钠；如用河水和湖水，需要先进行过滤。各种花卉所需的营养液温度要根据它们的生态习性而定，例如郁金香的适温为10～12℃；香石竹、含羞草、蕨类植物的适温为12～15℃；菊花、唐菖蒲、鸢尾、风信子、水仙、百合的适温为15～18℃；月季、玫瑰、百日草、非洲菊、秋海棠的适温为20～25℃；王莲、仙人掌类和其他热带花卉的适温为25～30℃（图8-3～图8-7）。配制和储存营养液，切勿使用金属容器，应用陶瓷、搪瓷、塑料和玻璃器皿。配制营养液时，要先用50℃少量温水将各种化合物分别溶化，再按配方所列顺序逐个倒入装有相当于所定容量75%的水中，边倒边搅拌，最后将水加到全量。

图8-3　郁金香

图8-4　蕨类植物

图8-5　百合

图8-6　月季

图8-7　球根秋海棠

三、配制营养液应注意的问题

配制营养液时应注意避免难溶性物质沉淀的问题，因为营养液中含有大量的钙、镁、铁、锰等阳离子和磷酸根、硫酸根等阴离子，配制过程中严格注意混合和溶解肥料的顺序，以免产生沉淀。配制浓缩储备液时一般分成A、B、C三种母液，A母液以钙盐为中心，凡不能与钙作用产生沉淀的盐都可以放在一起；B母液以磷酸盐为中心，凡不能与磷酸根产生沉淀的放在一起；C母液由铁和微量元素合在一起配成，因其用量小，可以配制成倍数很高的母液。配制时先稀释，缓慢倒入另一种稀释的母液，确保不产生沉淀。

第四节　花卉营养液缺素症状诊断

花卉缺素症表现是花卉生长健壮与否的晴雨表，应根据花卉不同生育期表现，及时调整营养液配方，确保花卉生长健壮。

（1）缺氮　植株瘦小、生长势弱，从下部叶片逐渐变黄甚至枯死。

（2）缺磷　植株瘦小，分枝或分蘖少，有时老叶叶脉间出现紫褐色斑点，幼叶变小，影响花芽形成，花小而少，果实发育不良。

（3）缺钾　茎秆纤弱易折，老叶边缘干缩，叶尖及叶缘变成黄褐色甚至干枯。

（4）缺钙　幼叶尖端弯曲成钩状，叶尖、叶缘坏死。

（5）缺镁　先是老叶叶脉间失绿，严重时常出现坏死斑点，叶尖、叶缘向上弯曲，叶片呈勺状。

（6）缺硫　叶色变成淡绿色，甚至变成白色，扩展到新叶，叶片细小，植株矮小，开花推迟，根部明显伸长。

（7）缺铁　先是新叶叶脉间褪绿，叶脉仍呈绿色，进而叶脉也褪绿，最后全叶变成黄白色。

（8）缺硼 叶片变厚变脆，卷曲萎缩，花小而少，结实率低或坐果率低。

（9）缺锌 植株节间明显萎缩僵化，叶变黄或变小，叶脉间出现黄斑，蔓延至新叶，幼叶硬而小，且黄白化。

（10）缺钼 幼叶黄绿色，叶片失绿凋谢，以致坏死。

（11）缺铜 叶尖发白，幼叶萎缩，出现白色叶斑。

出现上述症状时，应仔细查清，因为有些不一定是缺乏某种元素造成的，也可能是酸碱度不适或者同时缺乏多种元素引起的，一定要弄清楚情况，以便对症下药。

第五节 花卉无土栽培实际操作技术

一、水培花卉的操作技术

水培花卉养护简单，特别适合家庭、办公室的装饰和美化，受到很多人的喜爱，摆在家里既高雅又能美化、亮化空间。

从花卉生长周期来看，水培花卉有两个重要阶段：一是幼苗的培育阶段，即水培繁育幼苗；二是花卉成品的养护管理阶段，即用户进行个人操作的水培工序。通过以上两个阶段的工作，遵循正确的栽培规则并留意养护过程中应注意的问题，就可以培育出漂亮、清洁、高雅、健康的水培花卉。

（一）水培繁殖苗床的建立及方法

水培繁殖的苗床必须不漏水，多用混凝土做成或用砖做沿砌成，之后用薄膜铺上即可，宽1.2～1.5m。长度视规模而定，最好建成阶梯式的苗床，有利于水的流动，增加水中氧气含量。在床底铺设给水加温的电热线，使水温稳定在最佳生根温度。水培繁殖一年四季都可进行，水温通过控制仪器控制在21～25℃，水温过高或过低对生根都不利。水培繁殖时植物苗木应浅插，苗床内水或营养液深度控制在5～8cm。为了使植物苗木保持稳定，可在底部放入洁净的砂，这种方法也可叫作砂水繁；也可在苯乙烯泡沫塑料板上钻孔或在水面上架设网格，将植物苗木插在板上或网格内，放入水中。在生根过程中每天用水泵定时抽水循环，以保持水中氧气充足。潮汐式灌溉移动苗床（图8-8）正迅速变成发达国家现代温室灌溉的首要选择，特别适合盆栽花卉的营养液栽培和容器育苗。

图8-8　潮汐式灌溉移动苗床

（二）适宜水培的花卉类型及品种

1.水培花卉的选择

应选择无病虫害、生长健壮、有市场发展前景的高档花卉，这样能获得更好的效果和效益。所有的水生花卉都适合水培，如风车草、莲花、水花生、水浮萍；半水生的花卉也适合水培，如富贵竹；大多数的土生花卉能够做水培，应选择喜阴花卉。

2.水培效果较好的花卉

有香石竹、文竹、非洲菊、郁金香、风信子、菊花、马蹄莲、大岩桐、仙客来（图8-9）、月季、唐菖蒲、兰花、万年青、曼丽榕、巴西木、绿巨人、鹅掌柴以及盆景花卉（如福建茶、九里香）等。

图8-9　仙客来

一般可进行水培的花卉有龟背竹、米兰、君子兰、茶花、茉莉、杜鹃（图8-10）、金梧、紫罗兰、蝴蝶兰（图8-11）、秀丽兜兰（图8-12）、倒挂金钟、五针松、喜树蕉、橡胶榕、巴西铁、秋海棠类（图8-13）、蕨类植物、棕榈科植物等。还有各种观叶植物，如天南星科的丛生春芋、银包芋、火鹤花、广东吊兰、银边万年青；景天科的莲花掌、芙蓉掌；以及兜兰、蟹爪兰、富贵竹、吊凤梨、银叶菊、巴西木、常春藤、彩叶草等百余种。

图8-10　杜鹃

图8-11　蝴蝶兰

图8-12　秀丽兜兰

图8-13　丽格秋海棠

3.水培过程中应注意的问题

① 配制营养液时，忌用金属容器，更不能用它来存放营养液，

最好使用玻璃、搪瓷、陶瓷器皿。

② 在配制营养液时如果使用自来水，则要对自来水进行处理，因为自来水中大多含有氯化物和硫化物，它们对植物均有害，还有一些重碳酸盐也会妨碍根系对铁的吸收。因此，在使用自来水配制营养液时，应加入少量的乙二胺四乙酸钠或腐植酸盐化合物来处理水中氯化物和硫化物。如果水培花卉技术的基质采用泥炭，就可以消除上述缺点。如果地下水的水质不良，可以采用无污染的河水或湖水配制。

③ 一般情况下，盆中的栽培水过1～2个月要更换一次，用自来水即可，但注意要将自来水放置一段时间再用，以保持根系温度平稳。

④ 水培花卉大都是适合室内栽培的阴性和中性花卉，对光线有各自的要求。阴性花卉如蕨类、兰科（图8-14～图8-19）、天南星科植物，应适度遮阴；中型花卉如龟背竹、鹅掌柴、一品红（图8-20）等，对光照强度要求不严格，一般喜欢阳光充足，在遮阴下也能正常生长。

图8-14　大花蕙兰

图8-15　香水文心兰

图8-16　卡特兰

图8-17　鸟舌兰

图8-18　石斛兰

图8-19　国兰

图8-20　一品红

⑤ 应注意辨别花卉的根色以判断是否生长良好。光线、温度、营养液浓度恰当的花卉全根或根嘴是白色。请注意严禁营养液过量，严禁缩短加营养液的时间间隔。

⑥ 水培花卉生长过程中，如果发现叶尖有水珠渗出，需要适当降低水面高度，让更多的根系暴露在空气中，减少水中的浸泡比例。

二、家庭常用花卉的水培方法

将土培变为水培是为了降低成本，满足市场的供应，清洁环境、美化空间。

1.容器和用具的选择

水培花卉具有展现观赏花卉根系之美的特点，因此容器应当清晰透明。现在市场上透明的玻璃花瓶、塑料花瓶、有机玻璃花瓶种类越来越多，造型千姿百态，与土栽的花盆相比，更为高雅，更能与居室环境相配合，提高装饰效果和品位。

2.水培花卉植株的选择及洗根处理

对于土壤栽培的花卉，先用水润湿泥土，再把植株移出，去掉泥土，用清水洗净根部备用。植株的选择：首先，作水培的植株应株形美观，有良好的装饰效果，太小的植株观赏效果不好，不宜作洗根材料；其次，生长健壮，无病虫害，健壮的植株容易恢复，容易适应水环境；有些刚分株、根系较差的植株也不宜作洗根材料，可在固体基质中养护，待其根系丰富后再洗根。

3.水培花卉的定植

（1）大苗定植主要步骤　脱盆，用手轻敲花盆的四周，待土松动后可将整株植物从盆中脱出；去土，先用手轻轻把过多的泥土去除（可以用水直接冲洗干净为止）；水洗，将粘在根上的泥土或基质用水冲洗；剪定植篮，如果植株头部太大，而定植篮的孔径太小则需将定植篮的孔加大，方便种植；加营养液，将配制好的营养液加入容器；定植，将植物的根系从定植篮中插入，小心伤根；固定，用海绵、麻石或雨花石固定（其他固定物也可以）；成品，检查成品是否固定好。

（2）小苗定植主要步骤　小苗定植相对于大苗定植简易得多，制作盆苗，小苗一般不超过8cm；洗根，将小苗从盆中直接取出，根系在水中清洗一下，注意不可伤根；定植，将根系从定植篮孔中直接插入，用石头固定即可。

4.水位的控制

将洗根的花卉放在水瓶内，让根部展开并加入清水和营养液，水位宜低不宜高。根在水中即可，甚至可以更少一些，保持1个月的适应期，约4天换水一次，保持水质清洁并加进花卉营养液。

5.营养液的使用

家庭水培时，基本上是采用静止水培法，水中的养分含量较少，应适当补充养分。对于水培花卉所需要的营养，建议使用市场上出售的专用营养液，因为不同的植物所需的养分不同，因此营养液的配方也有差别，购买时可根据栽培植物的不同选择不同的营养液。花店一般都有多种类型的营养液供用户选择，如全营养型营养液、花卉水培驯化液、花卉叶面肥、生根营养液、浸种营养液、观叶植物营养液、君子兰营养液、仙人掌营养液等。

6.前期养护管理

洗根水培前期应摆放在阴凉没有强光照射的地方，以利于植株恢复。从土壤基质中洗根进入水环境，植株有个适应恢复过程，这时会出现植株萎靡、叶片发黄等现象，阳光太强会加剧这种现象，影响恢复和观赏价值。长出新根后，植株就会逐渐恢复挺拔和生机。

三、基质培花卉的操作技术

（一）无土栽培基质的选择与应用

1.几种常见的无土栽培基质

（1）砂　为无土栽培最早应用的基质。来源广泛，价格便宜。

但容重大，持水性差。砂粒以粒径0.6～2.0mm为好。使用前应过筛洗净，并测定其化学成分，供施肥参考。还应当注意的是，使用砂作基质时，当外界温度很高，特别是日照过长时，砂内部温度升高很快，易超过植物所适应的范围，使根系受到伤害。

（2）岩棉　由辉绿岩、石灰岩和焦炭三者按3∶1∶1或4∶1∶1混合，在1600℃高温炉里熔化，然后喷成直径0.5mm的纤维，冷却后加上黏合剂压成板块。岩棉质轻，空隙度大，吸水性很强，但持水性差。岩棉在栽培初期呈微碱性反应，经过一段时间后，pH值会下降，所以最初使用的岩棉最好用稀酸浸泡一下。

（3）蛭石　蛭石是由云母类矿物加热至1093℃高温膨胀形成的，空隙度大，质轻，含有较多的钾、钙、镁等营养元素，具良好的保温、隔热、通气、保水、保肥作用。但蛭石较易破碎，而使结构受到破坏，孔隙度减少，影响透气和排水，因此在使用和输送过程中不能受到重压。蛭石一般使用1～2次，其结构就会变差，需更换。

（4）珍珠岩　由灰色火山岩（铝硅酸盐）加热至1200℃燃烧膨胀形成，易于排水通气，物化性质比较稳定，吸水能力强。但因其质轻，根系固定效果较差，所以最好和其他基质混合使用。

（5）陶粒　又称多孔陶粒或海氏砾石，是陶土在1100℃的陶窑中加热制成的，排水通气性能好但持水性差，容重大，日常管理麻烦，在现代无土栽培中已经逐渐被一些轻型基质代替。

（6）树皮　是木材加工过程中的下脚料。树皮化学组成因树种不同差异很大，大多数树皮含有酚类物质且碳氮比较高，故新鲜的树皮应堆沤一个月以上再使用。阔叶树皮较针叶树皮C/N值高。树皮有很多种大小的颗粒可供利用，在盆栽中常用直径为1.5～6.0mm的颗粒。一般树皮的容重接近草炭，为0.4～0.53g/cm^3。

树皮在使用过程中会因物质分解而使容重增加，体积变小，结构受到破坏，造成通气不良，易积水，这种结构的劣变需要1年左右。

（7）锯木屑　是木材加工的下脚料，在资源丰富的地方多用于栽培花卉。以黄杉、铁杉锯末为好，含有毒物质树种的锯末不宜采用。锯末质轻，吸水保水力强并含一定营养物质，一般多与其他物质混合使用。

（8）泥炭　在气温较低、雨水较少的条件下，植物茎叶根系长期自然堆积，植物残体缓慢分解而成。其容重小，富含有机质，持水保水能力强，偏酸性，含植物所需要的营养成分。但通透性差，很少单独使用，常与其他基质混合用于花卉栽培。

（9）稻壳　即炭化稻壳。质轻，孔隙度大，通透性好，持水力较强，含钾等多种营养成分，pH值高，使用过程中应注意调整。

（10）泡沫塑料　为人工合成物质，含脲甲醛、聚甲基甲酸酯、聚苯乙烯等。其质轻，孔隙度大，吸水力强，一般多与砂和泥炭等混合使用。

（11）复合基质　是由两种或几种基质按一定比例配合而成的，克服了单一基质的缺点，如容重过大或过小等，有利于提高栽培效果。配制复合基质用2～3种基质即可。

2.无土栽培基质的选择和应用

基质的选用应遵循3个原则：

① 根系的适应性，即能满足根系生长发育的需要；

② 实用性，即质轻、性良、安全卫生；

③ 经济性，即能就地取材，来源广泛。

（1）根系的适应性　是基质选择时首先考虑的因素。无土基质的优点之一是可以创造植物根系生长发育所需要的最佳环境条件，即最佳的水气比例。气生根、肉质根需要很好的通气性，同时需要保持根系周围的相对湿度达80%以上；粗壮根系要求相对湿度达80%以上，且通气较好；纤细根系如杜鹃花根系要求根系环境相对湿度达80%以上，甚至100%，同时要求通气良好。在空气相对湿度大的地区，一些透气性良好的基质，如松针、锯末、水苔藓等非常合适，但是在大气干燥的北方地区，这种基质的透气性过大，根系容易风干。北方水质多呈碱性，要求基质具有一定的氢离子浓度调节能力，因此选用泥炭混合基质的效果比较好。

（2）基质的实用性　是指选用的基质是否适合所要种植的植物，一般来说，基质的容重在0.5g/cm^{3}左右，总孔隙度在60%左右，大小孔隙比在0.5左右，化学稳定性强，酸碱性接近中性，没有有毒物质存在时都是适用的。有些基质在一种状态下不适用，但经一定处理后变得很适用。例如，新鲜甘蔗渣的C/N值很高，在栽培植物过程中会发生微生物对氮的强烈固定作用，而使作物出现缺氮症状，但经过堆沤处理后，腐熟的甘蔗渣其C/N值降低，成为很好的基质。有时一些基质在一种情况下适用，而在另一种情况下又变得不适用了。例如，颗粒较细的泥炭，对育苗是适用的，但在袋培滴灌时由于透气性差而变得不适用。

（3）选择基质时还要考虑其经济性　有些基质虽然对植物生长有良好作用，但来源不易或价格太高，使用受到限制。例如，岩棉是较好的基质，但我国农用岩棉只处于试产阶段，多数岩棉仍需进口。又例如甘蔗渣也是一种良好的基质，在南方是一种很廉价的副产物，来源广，价格低，而在北方泥炭又是一种物美价廉的基质。再例如炉渣、锯末屑等，都是性能良好、来源广泛的基质。

（二）基质pH值的处理与调整

pH是一个动态系统，没有办法建立或消除它。无土栽培一般认为是水培系统，任何一种在种植前或种植后加入到这个系统的物质都会影响到pH值，当然也包括植物本身。

无土栽培基质不是一成不变的。从它被生产出来的那天开始就一直在发生着变化：混合基质中的湿度会使石膏缓慢溶解，pH值开始上升；基质中微生物的活动也在消耗着营养，同样会影响pH值；温度升高和存放时间太久也会产生一定的影响；另外，作物在栽培过程中，由于对营养液中阴阳离子的吸收程度不同，会导致营养液的pH值发生变化，从而引起基质pH值的变化。

为保证基质对植株的一致性，在使用基质前要对每一批基质pH值和EC值进行测试。如果需要的话，可以采取相应的措施。在植株种植全过程定期监测pH值和EC值的变化。

在花卉专业生产时，育苗用基质pH值的高低是影响种子正常发芽生长的一个重要的因素。对于花坛花类植物来说，多数种子发芽初期基质的pH值应为5.5～6.5。使用时每周都要对基质的pH值以及EC值进行检测。对于部分需要pH值略高一些的植物来讲，可以添加一些石灰石进行调整，检测时也要对所使用的水进行抽样。

另外，基质在存放中要注意防止污染，最好单独存放，不要和其他材料混在一起。

总之，基质是持续成功生产高质量植株的最重要的因素，当基质灌溉量以及养分水平达到平衡时植株就具有强壮的根系，能够健康生长。

四、气雾培花卉的操作技术

气雾栽培的生产管理较为简单，与土壤栽培相比可以节省大量的技术操作环节，是一种真正称得上省力化的农业模式。不需整地，不需除草，不需中耕，不需施肥与灌溉，如果做好防虫工作还不需施用农药，只需播种与收获，只需阶段性地配换营养液即可，它的生产完全可以实现工艺化与流程化，是一种最适合工厂化生产的模式。

（一）气雾栽培种苗的培育

气雾栽培用苗以净根苗为好，一般采用海绵块育苗，也可以用珍珠岩基质进行育苗。现把两种育苗方法做简要介绍。

1.海绵块育苗

根系易穿透而且具有一定保湿透气性，把海绵剪制成约2cm长的条块，再于中间开一条裂缝作为播种时卡种用，育苗时只需把种子往海绵缝中点播即可，然后放置一处，给予适当的浇水，等萌芽出子叶时开始改浇全价营养液，待到初露3～4片真叶时就可以移栽了。如果在冬季，可以把播好的海绵块整齐地放置排放至托盘上，再放到温度较高的小拱棚环境或育苗室进行加温催苗，等到达到符合移栽要求时移到温室待栽。

2.珍珠岩基质育苗

一般用于无性繁殖育苗，通常是一些木本植物，可以采用基质快繁法进行催根育苗，等到根系形成并开始长二次根时就可以拔苗移栽，移栽时抖落清洗珍珠岩就可以作为净根苗待用。也可以是一些种子直接撒播在珍珠岩基质上，并保持一定的湿度与适宜的肥水管理，移栽时只需拔起冲洗干净即可，这种方法简单而且可以省去海绵块育苗的一些烦琐操作。

（二）移栽定植

气雾栽培的移栽也较为简单，没有土壤移栽的整地、开穴、覆土、填埋等操作，只需把育好的种子苗或者无性苗往定植孔上塞或者插入即可，如果孔径大还可以用喷胶棉或海绵进行填充固定。如果是种植于绷紧的黑白膜上，可以用刀片按一定的距离于膜上划缝，再把苗小心地卡入膜缝即可，虽然刚移栽时没有泡沫板定植得整齐，甚至有下悬倒置的苗存在，但经过几天生长后它自然会调整方向，同样变得整齐而不影响生长。

（三）营养液配制与管理

1.营养液的配制

营养液的配制是气雾栽培中技术要求相对较高的操作，特别是营养液配制混合时的秩序不宜搞错，否则会产生沉淀。配制时先把以钙盐为中心的硝酸钙溶于水中，然后冲兑入有70%总水量的营养液池中，并开启池内循环水泵进行充分搅拌，再把以磷酸盐为中心的其他各种大量元素溶解，倒入池中，并再次加入20%的水量，再进行循环搅拌，待均匀充分后，最后再开始稀释以铁盐为中心的各种微量元素，把它倒入池中，再冲兑剩余的10%的水量，然后再循环搅拌均匀即可，如果只做简单的三液混合，会产生沉淀从而造成缺素症的发生。如果用的是有机肥发酵后的有机液肥，需把液肥稀释利用，一般为200 ～ 500倍液进行兑水。

当前营养液领域的研究越来越转向有机方向，特别是一种叫作堆肥茶的有机液肥，它可以把城市垃圾或生活有机废物发酵成堆肥，再把堆肥用水进行浸泡过滤，而汲取的液肥进行营养液栽培，可以达到有机可循环持续发展的生态目的，是未来无土栽培营养液技术的一大发展方向。在气雾栽培当中运用发酵有机液肥，具有混配简单的优点，但使用时必须做好过滤工作，以防一些渣渍物堵塞喷头，而导致局部植株的失水干枯，不过只要装配质量性能较好的过滤器就可以解决。

2.营养液的管理

营养液的管理包括彻底的换液、中期的补充以及EC值与pH值的调控，如果结合了计算机技术，除了换液需要人工外，其他操作皆可由计算机自动控制代劳，它可以根据检测的偏差值进行科学的调控。换液管理，是由于植株不断吸收元素后，造成元素间失去平衡、营养液中元素吸收殆尽或者有效含量极低，需进行一次彻底的换液，换液外排的营养液最好把它作为基质无土栽培的灌溉液，以免外排而影响环境，这也是营养液再循环利用的管理模式，可以做到环境的保全与资源的节约。

第六节　常见家庭水培花卉

一、天南星科

天南星科花卉对水培的条件有很大的适应性，用水插法进行水植时，大多数能在较短的时间内生根并迅速生长，较快地形成具有一定观赏性的株形；用泥土栽培的植株水洗后，本来的根系大多能适应水培的环境。适宜水培的天南星科花卉有绿萝、广东万年青、黛粉叶万年青、银皇帝、金皇后、红掌（图8-21）、丛生春羽（图8-22）、迷你龟背竹、龟背竹、银苞芋、绿宝石、喜林芋、琴叶喜林芋、绿帝王喜林芋、合果芋、海芋、火鹤花、翡翠宝石等。

图8-21　红掌

图8-22　丛生春羽

二、鸭跖草科

几乎所有的鸭跖草科花卉都能适应水培，如紫叶鸭跖草、紫背万年青、淡竹叶、吊竹梅等，都能在水插时迅速生根生长。

三、百合科

绝大多数的百合科花卉能适应水培，如芦荟、三角芦荟、玉簪（图8-23）、点纹十二卷、吊兰、朱蕉、龙血树（图8-24）、马尾铁、虎皮兰、龙舌兰、金边富贵竹、海葱、银边万年青、银边沿阶草等。

图8-23　玉簪

图8-24　龙血树

四、景天科

景天科花卉也是比较适应水培条件的，如莲花掌、芙蓉掌、银波锦、宝石花、落地生根等。

除此之外，能适应水培的花卉还有桃叶珊瑚、旱伞草、彩叶草、紫鹅绒、蓝松、竹节海棠、牛耳海棠、君子兰、兜兰、变叶木、银叶菊、仙人笔、叶仙人掌、三角竹、吊凤梨、姬凤梨（图8-25）、金粟兰、络石（图8-26）、龙骨、彩云阁、花叶蔓长春花、红背桂、四海波、常春藤、洋常春藤、棕竹、袖珍椰子（图8-27）等。

图8-25　姬凤梨

图8-26　络石

图8-27　袖珍椰子

第七节　水培花卉需要注意的问题

水培花卉种类的选择，除了考虑能否适应水培的条件，还应注意以下几个因素。

一、温度条件

有些花卉虽然十分适应水培的条件，但对越冬的温度要求比较高，如花叶万年青属的有些种类和变叶木等花卉的越冬温度要求在15℃以上；绿萝、合果芋、金边富贵竹、龙血树类的越冬温度也要求在10℃以上。这对冬季进行加温的居室当然不会有什么问题，但对大多数家庭来说，要让这些花卉安全越过寒冷的冬天还是十分困难的。有些花卉虽然在越冬后并不会导致整个植株的死亡，但由于受到低温冻害的影响，植株的叶子会变得萎蔫不振，失去应有的光泽，叶片变黄，叶尖或叶缘枯焦，或叶片上出现焦斑，甚至引起大量脱叶或部分枝叶枯死，从而丧失了欣赏的价值。

所以在没有稳定加温的条件时，必须注意选择抗寒能力较强的花卉种类。

适宜在一般家庭水培的花卉有：抗寒性强的花卉，如万年青、络石、棕竹、龙舌兰、桃叶珊瑚、宝石花、海葱、花叶沿阶草等能耐0℃左右的低温；具有一定抗寒能力的花卉，如龟背竹、紫叶鸭跖草、淡叶竹、芦荟、吊兰、银波锦、旱伞草、紫鹅绒、银叶菊、金粟兰、彩云阁、花叶蔓长春花、洋常春藤、袖珍椰子等，在越冬时稍加防护即可安全越冬。

当然、有些花卉如红宝石喜林芋、绿宝石喜林芋、合果芋、绿萝、虎尾兰、变叶木等，虽然安全越冬比较困难，但取材方便，生长迅速，观赏价值高，也可以考虑在春暖时购入栽植。

二、光照条件

由于室内的光照条件较差，所以宜选择喜半阴或耐半阴的花卉种类（图8-28）。同时，即使是喜半阴或耐半阴的观叶植物对光

图8–28　花卉水培

照强度的要求也是不同的，如变叶木、紫叶鸭跖草、吊竹梅等需要充足的散射光，但白鹤芋、绿巨人、广东万年青、银皇帝等都有着极强的耐阴能力。由于居室内不同位置的光照条件不一样，应根据位置的光照情况选择合适的花卉种类，以保证花卉的正常生长和良好的观赏性。光照不足时会引起植株的枝叶徒长，茎干细瘦，节间较长，叶片变小、畸形、失绿并失去应有的光泽，叶片有彩色条斑的变淡褪色，甚至产生大量落叶，从而严重影响花卉的观赏性。

第九章
家庭阳台无土栽培技术

第一节　家庭阳台农业的概念及发展前景

花种得好，可以欣赏；菜种得好，可以得到翠枝嫩叶和丰硕果实，不仅可供欣赏，而且能品尝到自己的劳动成果——无公害蔬菜，甚是惬意。可是生活在满是钢筋水泥的城市中没有大片的土地，怎么种菜呢？没关系，小小阳台也能圆你田园梦想，引自然入室，开辟阳台菜园，种植夏日盛开的向日葵、秋日的银叶菊、冬日的彩叶芋、春日的仙客来与郁金香。当然，最方便的是种植蔬菜，既可观赏又可品尝，一举多得。

一、阳台农业的概念

阳台农业从字面理解就是在阳台空间上搞农业生产，它具有与地面土壤空间相同的所有作用，但从技术角度说，阳台农业所涉技术更趋高新性，栽培模式更趋无土性，生产产品趋观赏性与自给性。

家庭阳台农业引进了阳台绿化的全新观念（见图9-1、图9-2），把阳台有限的空间充分利用，采用无土栽培技术种植蔬菜瓜果，使阳台不但得到绿化，更可以使小家庭吃上自己种的放心菜，观赏、食用两不误。这种新兴的阳台种菜观念正被广大市民口口相传，受到了家庭的青睐。

图9-1　家庭阳台栽培（一）

图9-2　家庭阳台栽培（二）

二、阳台农业产生背景

现代生活，自然空间的紧缩，工作压力的骤增，亲近土地，融入自然，成为许多都市人的梦想和渴望。追求环保、绿色、天然、低碳已经成为当今的一种时尚，随着生活水平和生活质量的不断提高，人们在追求物质享受的同时也需要更高的精神享受。家居布置不再满足于那种简单的居室风格，而是更加渴望家里能拥有新鲜和绿色；同时阳台农业还是老人休闲怡情的方式（图9-3）和儿童科普教育的好素材（图9-4）。因此阳台农业就应运而生了。

图9-3　休闲怡情的阳台农业

图9-4　阳台农业的科普教育

三、阳台无土栽培的意义

1.创造低碳环境

据有关数据统计，在我国一幢5层楼房，墙壁与阳台可绿化的面积相当于建筑占地面积的3.4倍左右，对一些人口密集、土地紧缺的城市，发展阳台农业尤为适用。可以说阳台农业的建设是城市居民低碳生活的新模式，同时阳台农业为城乡一体化中的人居环境科学发展提供了重要的实践基础。所以，阳台农业的加速建设使得提高城市低碳的端倪初显。

2.提供绿色果蔬

阳台农业就是将现代农业技术与都市家庭生活紧密结合。传统农业因土壤环境及水的污染，或者人为施用化肥、农药造成产品及环境污染，纵然产量得以大幅度提高，但要生产真正的洁净无公害产品还有一定难度。例如，现在倡导的有机农业，栽培的蔬菜常因有机物施用不科学造成硝酸盐指标超标，而采用水培或气培可以得到有效控制。采用水培、气培、陶粒培等营养液栽培后（见图9-5），生产出的农产品极为洁净，稍做清洗即可作为净菜销售或食用（见图9-6、图9-7），而不像土壤栽培常有大量的大肠杆菌及其他病虫的存在与滋生，会直接感染人体或造成间接危害。

图9-5　阳台菜园

图9-6　阳台无土栽培番茄

图9-7　阳台无土栽培甜瓜

3.循环利用垃圾

阳台农业所使用的种植设施，一部分是来源于专业化的无土栽培设施，而对于大部分人来说，垃圾的循环利用可以成为更好的选择。在选择器皿时，可以利用废弃的大饮料瓶、油桶、轮胎、泡沫纸箱等进行无土种植。由于这些不可降解的材料都是由石油提炼生成的，随意丢弃会造成严重的环境污染，而利用其种植花卉、蔬菜，既节省资金又减少了环境污染。

4.增加经济效益

目前阳台农业的研究领域已经将低碳环保、现代农业、智能控制以及家居装饰等先进技术有机地结合，提供无土栽培设备、智能控制设备、优良种苗等系列化产品，打造集休闲、观光、体验、养生、采摘以及低碳环保于一体的阳台农业解决方案，从而为城市住宅、庭院露台、路桥墙面、公共场所、城市绿化等提供一系列的阳台农业立体种植技术，为增加城市经济效益提供了可靠的经济来源。

关于国外阳台农业的介绍如下文所述。

国外的阳台农业已经发展得相当成熟，屋顶绿化、空间种植利用、城市农园模式的发展，已形成了上百亿美元的大型产业。日本，从2000年到2008年的9年间，屋顶绿化与种植达到约242万平方米，绿化种植率达到14%；英国甚至把林荫道修到了屋顶；德国屋顶绿化种植面积超过了1350万平方米，其都市农业属于居民生活功能型，被称为“市民农园”。德国利用屋顶绿化系统质量轻、从长远角度看具有成本低的特点，将80%的屋顶绿化都设计成了拓展型屋顶绿化形式，使屋顶花园覆盖了整个屋顶区域，有效降低了城市温度。瑞典、新加坡、加拿大、泰国、美国等国家，屋顶绿化、城市空间种植利用已经成为提高城市空间绿地率最有效的方式。

四、家庭阳台农业的发展前景

现代阳台农业具有可持续发展性。阳台农业是建立在阳台生态学、植物生理学、植物栽培学、植物营养学等基础上的一门科学，它具有比传统农业更大的发展空间与前景。传统农业在生产中常因土壤板结、盐渍化的加剧，或者污染后重茬病的出现等问题，生产力越来越低。而现代阳台农业不存在上述的这些问题。现代阳台农业在设计管理上是一种完全无污染的可循环持续发展的农业模式。栽培后残留的营养液可用气雾培实现重复利用，收获后的秸秆、垃圾，可以通过箱式或桶式发酵，提取液肥后重新返还至水培或气培的营养液中，真正实现物种间生态间的平衡，是一种可持续无污染循环经济农业。

现代阳台农业技术是21世纪农业科技进步和自主创新的产物，为实现经济社会又好又快发展做出了新的贡献。它将是城市农业产业的一大补充，成为城市菜篮子的补给工程，也将是城市建设的一次概念性革命，它将带给人们自然与美丽，激发人们以更大的热情关注自然与热爱生活，还能激发现代人产生更多的灵感及创意，对创新型国家和和谐社会的建设起到一定的推动作用。

第二节　家庭阳台农业生产

一、阳台农业的设施种类

目前家庭阳台菜园无土栽培系统包括梯形管道栽培装置、圆形管道栽培装置、水培立柱装置、基质培立柱装置（图9-8～图9-10）、墙体栽培装置、芽菜立体栽培装置（图9-11、图9-12）、小型叶菜栽培装置（图9-13）等类型，均由栽培管道（容器）、营养液箱、输液管和支架等几部分组成。其中，梯形装置占地0.6m^2，能栽植45株生菜等叶类蔬菜；墙体栽培装置挂在墙壁上，不占地面空间，能栽植32株叶类蔬菜；水培立柱装置占地0.2m^2，高度可视阳台情况而调整，能种植60～84株叶类蔬菜。

无土栽培系统还包括育苗盘、育苗基质、营养液、自动供应架子、补光灯、抽水泵、定时器，以及相关的配件如喷壶、测量仪器、橡胶手套等。

(a)　(b)

(c)　(d)　(e)

图9-8　立柱式基质栽培系统

图9-9　吊式立柱栽培系统

图9-10　草莓基质柱式栽培

图9-11　基质多层箱式立体种植模式

(a)

(b)

图9-12　基质多层盒式立体种植模式

图9-13　立架分层柱式栽培系统

二、阳台农业品种选择

阳台栽种什么菜，一方面要根据个人爱好和需要而定，另一方面要考虑自家阳台的环境条件适合栽种哪些蔬菜。一般说来，如果空间允许，大多数蔬菜、瓜果都可在阳台上栽种。所谓阳台的环境条件，最主要就是阳台朝向和阳台封闭情况。朝向决定着阳台的光照条件，而阳台封闭情况则决定了阳台的温度条件。全封闭阳台冬季温度也较高，所受温度限制较小，可选择的蔬菜范围也比较广，基本一年四季都可栽种蔬菜。半封闭或未封闭阳台冬季温度较低，一般不易在冬天栽种蔬菜，夏天太阳直射导致温度过高，也要注意遮光保护蔬菜。

更重要的是阳台的朝向，在温度允许的条件下一般要根据阳台朝向选择栽种的蔬菜。

朝南阳台全日照阳光充足、通风良好，是最理想的种菜阳台。几乎所有蔬菜都是在全日照条件下生长最好，因此一般蔬菜一年四季均可在朝南的阳台上种植，如黄瓜、苦瓜、番茄、菜豆、金针菜、西葫芦、青椒、莴苣、韭菜等。此外，莲藕、荸荠、菱角等水生蔬菜也适宜在朝南的阳台种植。冬季朝南阳台大部分地方都能受到阳光直射，再搭起简易保温设备，可以给冬季生产蔬菜创造一个良好的环境。

朝东、朝西阳台为半日照，适宜种植喜光耐阴蔬菜，如洋葱、油麦菜、小油菜、韭菜、丝瓜、香菜、萝卜等。但朝西阳台夏季西晒时温度较高，使某些蔬菜产生日烧，轻者落叶，重者死亡，因此最好在阳台角隅栽植蔓性耐高温的蔬菜。在夏季，对后面楼层反射过来的强光及辐射光也要设法防御。

朝北阳台全天几乎没有日照，蔬菜的选择范围最小。应选择耐阴的蔬菜种植，如莴苣、韭菜、芦笋、香椿、蒲公英、空心菜、木耳菜等。在夏季，对后面楼层反射过来的强光及辐射光也要设法防御。

最适合阳台栽种的蔬菜如下。

① 周期短的速生蔬菜：小油菜、青蒜、芽苗菜、芥菜等。

② 收获期长的蔬菜：番茄、辣椒、韭菜、芫荽、葱等。

③ 节省空间的蔬菜：胡萝卜、萝卜、莴苣、葱、姜等。

④ 易于栽种的蔬菜：苦瓜、胡萝卜、姜、葱、生菜、小白菜等。

⑤ 不易生虫子的蔬菜：葱、韭菜、蒜苗、芦荟等。

应选择一些易活、生长迅速的植物。大种子植物如向日葵、百日草、豌豆、南瓜等最易种植且生长迅速；可以选择那些鲜艳夺目的花卉，如凤仙花、太阳花、大丽花、金盏菊、黑心菊、秋菊、长春花、海棠花、鸡冠花、牵牛花、霍香蓟、香雪球、福禄考等；选择芳香植物如薰衣草、薄荷、香草、罗勒等。

三、阳台菜园的营养管理

如果蔬菜需要移苗，等到移苗后再浇灌营养液。

如果蔬菜采用直接播种的方法，不需移苗，那么先浇自来水，保持土壤湿润，种子发芽、种苗长出后才能使用营养液。

虽然各种植物对水分的要求不同，但基本上每天浇灌一次营养液是比较适当的。如果是叶菜，可以一天浇两次营养液。

生长前期少浇营养液，结果期多浇。

建议每周至少一次只用自来水彻底清洗栽植容器，除去容器中累积的未用肥料。具体方法是给容器浇足量的水，底部形成自流排水。这个措施能防止有害物质在培养基质中的积聚。

有时候，可用添加了微量元素的营养液浇灌蔬菜。可以选择含有铁、锌、硼和锰的水溶性的肥料，按照标签上的说明进行操作。

滥用营养液可能存在造成蔬菜硝酸盐超标的风险。

四、阳台种菜播种和移苗

蔬菜有两种栽植方式：一种是先育苗，再移栽；另一种是直接播种。初学者往往更喜欢在农艺市场直接购买秧苗回到家里移栽，这是个简单快速的方法，但会缩小种植范围，因为直根系蔬菜如豆类、萝卜等是不便移苗只能直播的，移苗会伤害根部正常发育。而有些则是必须移植的蔬菜，如甘蓝、花椰菜、辣椒、茄子等。

（一）种子播前消毒处理

种子常常带有细菌，为减少苗期病害，保证菜苗茁壮成长，让自己和家人吃到健康的蔬菜，也避免自己的劳动半途而废，播种前最好对种子进行简单的消毒处理。将种子放在60℃的热水中浸泡10～15min，然后将水温降至30℃，继续浸泡3～4h，取出晾干就可以了。对于表面不洁、放置时间很长或已被污染的种子，可采用药液浸泡法。一般常用福尔马林100倍液，先用清水浸种3～4h，然后放入药液中浸泡20min，取出用清水冲净。

（二）催芽

种子需视情况而定是否需要催芽。番茄、辣椒、茄子、黄瓜等果菜类蔬菜种子发芽较慢，可进行催芽。催芽前必须浸泡种子，但浸种时间不宜过长。经试验，黄瓜用1～2h，辣椒、茄子、番茄用3～4h浸种较合适（包括种子消毒处理时的浸水时间）。育苗盘底垫几层纱布、滤纸或吸水的纸巾，用清水浸湿，把浸泡过的种子控去水，放在育苗盘中，置于28～30℃的环境中1～5天，直至种子发芽露白即可播种。催芽期间，如种子干燥，可加水到育苗盘中，以浸润纱布等铺垫物使种子保持湿润。

（三）播种

直接播种的，直接将种子播种到大小适当的栽植容器中即可。需要移植的，先选用大小适中的塑料盘、玻璃盘等容器作为“育苗盘”。容器中放入pH值适中的培养土（在园艺店或农艺市场就能买得到），将菜种撒播到容器中，然后覆0.5～1cm厚的土。切记覆土太深种子将不会发芽。

适宜的温度、充足的水分和氧气是种子萌发的三要素。要将容器放在较温暖、通风良好的地方，并适当浇水（对于大多数菜种而言，每天浇一次水为适量）。

播种前最好用50%漂白剂或其他消毒液对播种盘进行消毒，以减少污染种子的概率。

（四）移栽

秧苗达到一定大小，必须及时移到其他容器栽植。例如，番茄、茄子等，一般有4～5片真叶时移植；瓜类不超过2～3片真叶时移植；甘蓝类、白菜类在4～6片真叶时移植。

移植时注意不要损伤秧苗幼嫩的根系。可在掘取菜苗前给土壤或基质充分浇水，使根部多带土壤或基质，减小对根部损伤，保证移栽后成活率。一般叶菜类栽植深度以不使最低的叶片埋没为宜，否则易引起腐烂。

（五）植株的管理

以番茄或黄瓜为例。

1.绑扎

番茄或黄瓜在适宜的环境下生长较快，对其枝蔓要随长随绑，所以要进行搭架以固定植株，让枝蔓更加伸展、枝型更美丽。整枝的主要工作就是打杈与摘心，也可结合扭梢与拉枝，以实现果树般的整形效果。配合单干或双干整枝，将枝蔓引导到合理的方向，使植株充分得到光照并且不要互相遮蔽。

2.修剪

过多的枝叶会造成植株生长恶化，耗费养料，减少产量并且容易招致病虫害，因此有必要摘除老叶、病叶、生长过密过快的枝叶。

疏花、疏果：过多的花、果会造成植株长势衰弱，并且降低果实的品质和产量。

（六）水和营养液的管理

所购买营养液必须含微量元素。自来水常因残留氯引起生育障碍。特别是自来水未做去氯处理（晾1天），残留氯会引起蔬菜根腐病发生。

营养液管理，在容器内壁深度的3/4处做好标记，以便日后加水至刻度线。注意检查水位，当水位低至标注记号水位线下较多时即可加注清水或营养液，加至标线为止。每周添加1～2次营养液，按营养液配制的使用方法，配好后注入容器中。如果没有检测工具可以根据实际植株生长情况，每周添加1杯（250mL）50倍浓缩营养液，每两次添加营养液之间只加清水。栽培后期的营养液换液配制时可稍浓些。在家庭栽培中为了使用方便，通常按使用说明，把预先配好的营养液，先置于一个大容器中，要用时舀取即可，但盛有稀释好的营养液的容器要避光保存以防绿藻滋生。

（七）根部氧气的管理

氧气是根部生长的必需元素，也是无土栽培产量远超过土壤栽培的原因。可以用养鱼的静音潜水泵使水在内部循环充氧，也可以用气泵把空气泵入水中。潜水泵功耗很小，可以常开，每天至少开启12h；如果长时间潜水泵不开启，植株根部会因为缺氧长势衰弱，结果减少或者引起死亡。

（八）采收

采收的时候要注意通过蔬菜的色泽、质地和硬度等特征来辨别蔬菜是否成熟，是否到了最佳采摘时刻。一些蔬菜如番茄、辣椒和水果等要在果实达到一定的硬度时采收，过熟就发软了；而黄瓜、菜豆等应在幼嫩时采收口味更佳。

最好在傍晚采收蔬菜，因为傍晚的时候蔬菜内的硝态氮含量最低。

采收青江菜、韭菜等，可摘其叶，而无需整株拔起，过一段时间又会有幼嫩的叶子长出。葱在收割时，留2～3根在泥土里，不必整株拔起，这样才会继续分芽、生长。

（九）常见病虫害的诊断与防治

容器中栽植的蔬菜与大地栽培的蔬菜一样，也可能遭受各种病害和虫害的攻击，应注意观察蔬菜的叶、茎等器官是否生长良好以及是否出现害虫。一旦发现问题，首先要区别是否是水分、光照、温度等环境条件问题或基质肥力问题。排除这些因素后，再确定是病害还是虫害。

蔬菜病虫的诊断方法可通过各时期害虫的形态特征来鉴别，或通过害虫残遗留物诊断。害虫的残遗留物如卵壳、蛹壳、蜕皮、虫体残毛及死虫尸体等以及害虫的排泄物如粪便、蜜露物质、丝网、泡沫状物质等。

叶片被食，形成缺刻。多为咀嚼式口器的鳞翅目幼虫和鞘翅目害虫所害。

叶片上有线状条纹或灰白、灰黄色斑点。此症状多是由刺吸式口器害虫（如叶蝇或椿象等）所害。

菜苗被咬断或切断。多为蟋蟀或叶蛾等所为。

分泌蜜露引发煤病。此类害虫通过产生蜜露状排泄物覆于蔬菜表面造成黑色斑点，常以吸汁排液性的害虫为主，如各种蚜虫。

心叶缩小并变厚。甜椒和辣椒上多出现此类症状，这与螨类害虫有关。

蔬菜内部被危害。这种害虫一般进入蔬菜的体内，从外部很难看到它们，若发现菜株上或周围有新鲜的害虫粪便且菜株上有新鲜的虫口，则可判断害虫在菜体内危害，有时虽然有粪便和虫口，但粪便和虫口已经干涸，则表明害虫已经转移到其他地方。此类害虫多为蛾类害虫和幼虫。

菜苗上部枯萎死亡。这表明蔬菜根部受到损害，此多为地下害虫所为，如蝼蛄、根螨、根线虫等。

块状果实被蛀食和腐烂。例如，马铃薯、洋葱、蒜等的地下块根在生长和储藏中腐烂或被蛀食，此类多为鼻虫、根螨等居多。

根据这些特征来判定害虫并采取相应的防治措施，首先要排除其他因素的影响，如肥料或水分过多造成蔬菜苗上部萎蔫死亡等。

解决方法包括以下几种：预防为主，经常换气，修剪老叶、病虫叶、过度拥挤叶，使用纱窗罩住植株防虫。

第三节　阳台管道水培

一、阳台管道栽培概念

植物的管道化栽培就是利用管道为植物栽培的载体，利用微控制计算机来实现营养液及温光气热等环境因子的智能化调控，让植物在管道上正常快速地生长（见图9-14～图9-17）。

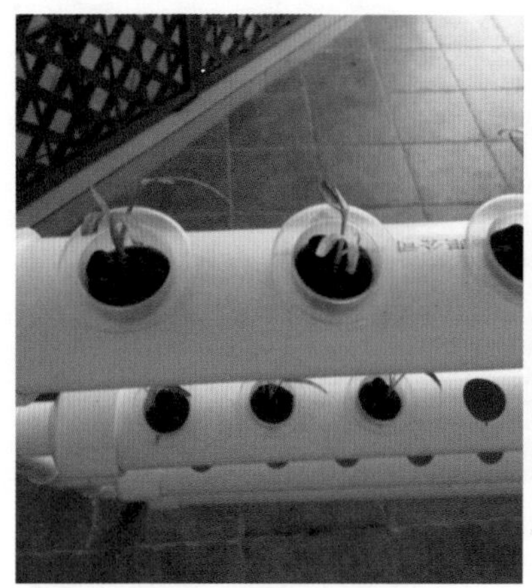

图9-14　幼苗初定植

图9-15　管道草莓

图9-16　管道参菊

图9-17　水培参菊根系特写

二、阳台管道栽培优点

1. 艺术美观

管道或容器代替了原来的土壤载体，并且可随意做造型与进行立体构架，如与艺术结合更能创造出集美学及生态学于一体的良好效果。

2. 水肥利用率高

营养液的循环运用，解决了土壤环境肥水管理难度大、技术要求高的缺点，适于城市洁净环境下植物的栽培，适于居民不懂肥水管理技术下进行傻瓜化栽培，适于水资源匮乏情况下的最节水化栽培。因为水在密封的管道或容器内，水蒸发与流失损耗最小，因此阳台管道栽培是利用率最高的一种栽培模式。

3. 空间利用率最大化

凡是有空间的地方皆可被最大化地利用，实现立体化、艺术化栽培，如可利用管道进行造字，利用管道设计出千姿百态的管道化载体。另外，就是有空间没光照或弱光照的环境下也可利用人工补光进行室内绿化与地下室栽培。只要品种上科学安排，任何有空间的地方都可种植物，例如在阳台、走廊、大厅、卫生间、地下室、楼顶都可实施植物的容器或管道栽培，可以真正做到随地做造型，随处栽培的空间绿化效果，完全打破了土壤栽培的多种条件限制，营造出生态绿色的人居环境（见图9-18 ~ 图9-26）。

图9-18　彩叶生菜管道水培

图9-19　黄瓜管道水培

图9-20　刚定植的水培草莓

图9-21　水培草莓硕果累累

图9-22　草莓、生菜、七彩参菊混合水培

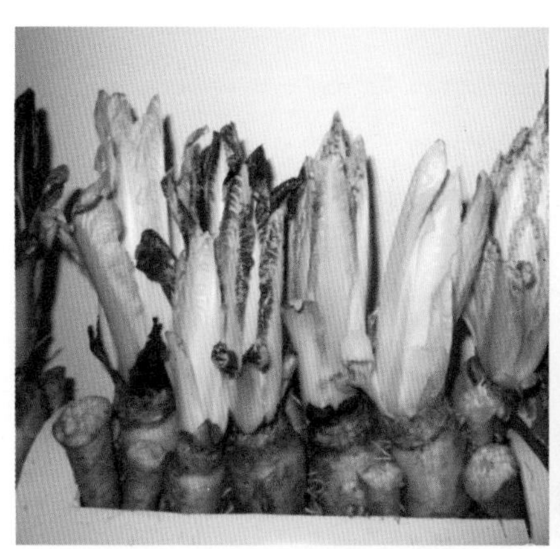

图9-23　水培七彩参菊特写

图9-24　管道阳台垂直水培

图9-25　客厅水培系统

图9-26　客厅水培系统局部特写

4.满足消费需求

利用管道容器栽培效率高，完全可以生产出可供家庭所需的各种蔬菜，如利用得好，仅上述空间的充分利用就可满足人们对瓜果蔬菜的需要，是种完全的、生态的、绿色的、可循环经济模式。

5.自动化管理

采用微控制器与植物生长专家系统，可以实现栽培过程中的管理自动化，就是不懂任何植物学知识与栽培技术的人也可轻松进行管理，是简约化的一种栽培模式。

6.怡情养心

管道栽培是与人们生活最贴近的、举手即可触及的栽培模式，而且是洁净化无污染的栽培模式，是儿童了解植物与自然的最好教材与工具，可以在管道上种不同的植物观察它们的生长特性与生长过程，是人们修身养性、怡情休闲的较好方式。

7.良好发展前景

管道化栽培是未来城市绿化建设、生态建设，解决空间绿化、失地复绿问题的一种最简单而实用的方法，只要有水有电就可以还你一个绿色空间，只要稍付关注就可实现绿色植物的郁绿生长，只要稍做设计就可还你一个自给型的菜篮子。它的发展前景无可估量，它的市场空间无可估量，是商家投资城市农业与城市绿化的最好项目。

三、柱式种植系统

柱式种植系统模式见图9-27～图9-37。

图9-27　七彩参菊刚刚定植

图9-28　七彩参菊萌芽

图9-29　柱式水培油菜

图9-30　柱式水培生菜、芹菜

图9-31　办公室柱式水培

图9-32　柱式水培生菜与箱式水培番茄

图9-33　草莓刚定植

图9-34　草莓花期

图9-35　草莓成熟期

图9-36　瓷缸美化系统欣赏

图9-37　茼蒿、芹菜、白菜水培

四、槽和箱式水培

槽式、箱式及花蒌式等水培模式（见图9-38～图9-44）。

图9-38　学生槽式水培实习

图9-39　黄瓜箱式水培

图9-40　芹菜箱式水培

图9-41　黄瓜花篓式水培幼苗期

图9-42　黄瓜花篓式水培成苗期

图9-43　桃子玻璃瓶水培

图9-44　七彩参菊循环水箱水培

五、楼顶阳台漂浮水培

楼顶阳台漂浮水培模式见图9-45。

图9-45　楼顶阳台漂浮水培

参考文献

[1] 黄科，吴秋云. 无土栽培的现状与展望[J]. 福建农业科技，2001（2）：14-16.

[2] 李海燕，韩萍，穆楠. 无土栽培技术概述[J]. 现代农业科技，2008（10）：54-55.

[3] 夏书申. 无土栽培发展概述[J]. 世界科学，1991（3）：39-41.

[4] 张黎黎. 无土栽培技术初探[J]. 农业科技与装备，2013（5）：5-6.

[5] 邢禹贤. 无土栽培的设施及形式[J]. 农业工程实用技术，1985（2）：42-44.

[6] 陈元镇. 花卉无土栽培的基质与营养液[J]. 福建农业学报，2002（2）：128-131.

[7] 王久兴. 小型管道式深液流水培系统的研制与应用[J]. 河北科技师范学院学报，2007（4）：15-18.

[8] 夏晓东，梁国华，陈巧敏，等. 工厂化无土栽培芽苗菜技术装备发展探讨[J]. 中国农机化，1999（S1）：49-52.

[9] 王久兴. 深液流管道水培系统的研制[J]. 湖北农业科学，2008（1）：101-103.

[10] 荆延德，亓建中，张志国. 花卉栽培基质研究进展[J]. 浙江林业科技，2001（6）：68-71.

[11] 段静，鲁少尉. 无土栽培营养液配制与管理[J]. 中国花卉园艺，2013（22）：54-55.

[12] 林沛林，李一平，龚日新. 无土栽培营养液配方与管理[J]. 中国瓜菜，2012，25（3）：61-63.

[13] 耿磊. 无土栽培营养液配制供应系统的研究与开发[D]. 天津：河北工业大学，2004.

[14] 刘聪. 无土栽培的营养液及其管理技术[J]. 生物技术世界，2012，10（10）：5.

[15] 卢锡纯，史淑菊. 农产品加工[M]. 北京：中国农业出版社，2014.

[16] 李小川. 蔬菜穴盘育苗[M]. 北京：金盾出版社，2009.

[17] 邢禹贤. 新编无土栽培原理与技术[M]. 北京：中国农业出版社，2001.

[18] 王海波，刘凤之. 中国设施葡萄栽培理论与实践[M]. 北京：中国农业出版社，2020.

[19] 王孝娣，郝志强，刘凤之，等. 适于机械化生产的桃树新树形扶干主干形及其配套机械[J]. 中国果树，2013（3）：71-73.

[20] 俞明亮，王力荣，王志强，等. 新中国果树科学研究70年——桃[J]. 果树学报，2019，36（10）：1283-1291.

[21] GB 2763—2021.

[22] NY/T 1276—2007.